ACTUALITÉS SCIENTIFIQUES.

H.-J. PHILLIPS, F. I. C., F. C. S.,
Chimiste-conseil du " Great Eastern Railway "

LES
COMBUSTIBLES
SOLIDES, LIQUIDES, GAZEUX.

ANALYSE,
DÉTERMINATION DU POUVOIR CALORIFIQUE.

OUVRAGE TRADUIT DE L'ANGLAIS
D'APRÈS LA TROISIÈME ÉDITION,

Par Joseph ROSSET
Ingénieur civil des Mines.

PARIS,
GAUTHIER-VILLARS, IMPRIMEUR-LIBRAIRE
ÉDITEUR DES ACTUALITÉS SCIENTIFIQUES,
Quai des Grands-Augustins, 55

1902

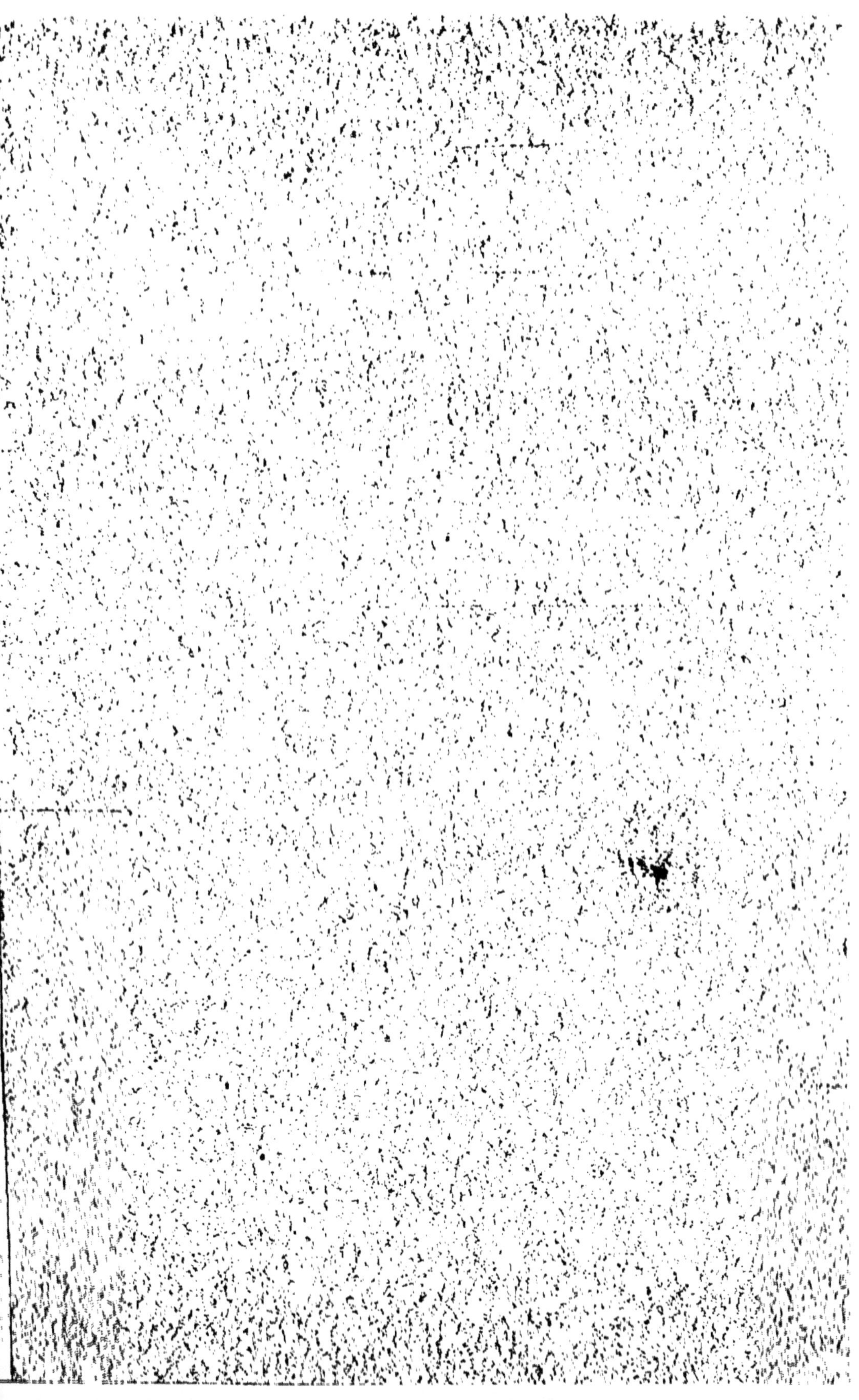

LES

COMBUSTIBLES
SOLIDES, LIQUIDES, GAZEUX.

80724. — Paris. Imp. Gauthier-Villars, 55, quai des Grands-Augustins.

ACTUALITÉS SCIENTIFIQUES.

H.-J. PHILLIPS, F. I. C., F. C. S.
Chimiste-conseil du " Great Eastern Railway ".

LES
COMBUSTIBLES
SOLIDES, LIQUIDES, GAZEUX.

ANALYSE,
DÉTERMINATION DU POUVOIR CALORIFIQUE.

OUVRAGE TRADUIT DE L'ANGLAIS
D'APRÈS LA TROISIÈME ÉDITION,

Par Joseph ROSSET,
Ingénieur civil des Mines.

PARIS,
GAUTHIER-VILLARS, IMPRIMEUR-LIBRAIRE,
ÉDITEUR DES ACTUALITÉS SCIENTIFIQUES,
Quai des Grands-Augustins, 55.

1902

PRÉFACE DU TRADUCTEUR.

Les combustibles sont la base de presque toutes les industries, soit qu'elles consistent à transformer la chaleur dégagée par leur combustion en travail mécanique, comme dans les machines à vapeur, à pétrole ou à gaz, soit qu'elles aient pour objet de faire servir cette chaleur à la transformation des produits naturels en matières commerciales, comme en métallurgie. Dans tous les cas, il est indispensable de connaître la valeur exacte du combustible que l'on emploie, valeur qui dépend, non seulement de son pouvoir calorifique, mais aussi de sa composition chimique. La présence de substances telles que le soufre, le phosphore, etc., dans les combustibles peut les rendre impropres à certains usages; on conçoit donc tout l'intérêt d'une analyse exacte des combustibles.

Donner les méthodes les plus simples d'analyse des combustibles solides, liquides et gazeux, et indiquer les procédés de détermination de leur pouvoir calorifique, tel est le but de ce petit Ouvrage. Le Livre se termine par des Tableaux contenant des résultats intéressants au point de vue de la composition et de la puissance calorifique de toutes sortes de combustibles industriels, depuis la houille jusqu'au pétrole et aux gaz de gazogènes et de hauts fourneaux.

Nous espérons que les renseignements nombreux contenus dans ce Livre le feront bien accueillir en France, comme il l'a été dès son apparition en Angleterre.

J. ROSSET.

Février 1902.

PRÉFACE

DE LA PREMIÈRE ÉDITION.

L'extension qu'a prise dans ces dernières années l'emploi industriel des combustibles de toutes sortes suffit, pensons-nous, pour justifier la publication d'un petit Ouvrage traitant des méthodes d'analyse et de détermination du pouvoir calorifique des combustibles, et présentant, sous une forme condensée, les résultats aujourd'hui acquis.

L'objet de ce Livre est de renfermer en quelques pages ce qui, jusqu'ici, devait être glané çà et là dans des traités spéciaux et de gros ouvrages ; l'Auteur s'est efforcé d'en faire un manuel à la fois théorique et pratique, à l'usage des chimistes et des ingénieurs, pour qui les Tableaux d'analyse et les renseignements pratiques contenus dans le dernier Chapitre ne manqueront certainement pas d'intérêt.

Il tient à exprimer ce qu'il doit aux divers traités de chimie qu'il a consultés, aux articles publiés dans les journaux, ainsi qu'aux comptes rendus des Sociétés scientifiques, en Angleterre et à l'étranger.

H.-J. P.

PRÉFACE

DE LA DEUXIÈME ÉDITION.

Le succès qu'a remporté la première édition de ce petit Livre, auprès des chimistes et des ingénieurs, a nécessité la publication, au bout d'un peu plus d'une année, d'une seconde édition. L'Auteur en a profité pour revoir l'Ouvrage et l'augmenter considérablement.

Parmi les additions ainsi introduites, nous mentionnerons les méthodes d'analyse de cendres des combustibles, les méthodes pratiques de détermination de la densité et du pouvoir calorifique des combustibles gazeux, ainsi que le procédé de dosage du soufre dans les gaz combustibles, etc.

L'Auteur espère que cet Ouvrage, ainsi revu et

augmenté, sera encore plus utile qu'auparavant, et que cette deuxième édition sera aussi bien accueillie que la première.

H.-J. P.

LES
COMBUSTIBLES
SOLIDES, LIQUIDES, GAZEUX.

INTRODUCTION.

1. A une époque où les combustibles sont à un prix si élevé, les ingénieurs et, d'une façon générale, tous ceux qui se servent de la vapeur ont grand intérêt à pouvoir en apprécier la qualité, le pouvoir calorifique et la valeur industrielle.

2. Les *combustibles*, dans le sens le plus général du mot, comprennent toutes les substances capables de brûler au contact de l'air, en produisant de la chaleur. Mais la quantité de chaleur dégagée dans la combustion varie beaucoup selon la nature du combustible et sa composition chimique. Les substances qui constituent les *combustibles* ordinaires sont généralement d'origine purement organique ou végétale, et com-

prennent toutes les variétés de charbon de terre,
de lignite, de tourbe, de bois, de coke, de charbon
de bois, de combustibles artificiels, etc., ainsi
que des combustibles gazeux et liquides (hydrocarbures, etc.). Tous ces combustibles sont formés principalement de carbone et d'hydrogène
en plus ou moins grandes proportions, avec
de l'oxygène, de l'azote, du soufre, du phosphore et des cendres. Plus il entre d'oxygène
dans la composition d'un combustible, moins
celui-ci dégagera de chaleur en brûlant, parce
que cet oxygène est déjà combiné avec du carbone et de l'hydrogène. Le soufre et le phosphore
sont nuisibles dans un combustible, surtout quand
celui-ci doit servir à certaines opérations métall-
lurgiques, comme la production de la fonte. D'une
façon générale, plus un combustible contient de
cendres, moins il a de pouvoir calorifique, et
plus il donne de perte et est difficile à brûler,
par suite de la formation de mâchefer (*clinkers*).
Là où l'on emploie d'immenses quantités de
combustibles, comme dans les chemins de fer,
dans les bateaux, dans les usines métallurgiques,
la qualité du charbon, on le comprend sans peine,
devient une question importante, surtout aujour-
d'hui que le charbon a atteint des prix aussi
élevés.

3. Pour apprécier la valeur d'un combustible

solide, tel que le charbon de terre, le coke, les combustibles artificiels, il faut déterminer les proportions d'humidité, de matières volatiles, de coke, de soufre, contenus dans le combustible, la qualité du coke qu'il produit, la quantité de cendres qu'il laisse en brûlant, ainsi que son pouvoir calorifique et sa puissance d'évaporation. On peut déterminer ces derniers éléments de trois façons :

1° Théoriquement, d'après les proportions d'hydrogène, de carbone et d'oxygène contenus dans la substance, proportions données par une analyse organique;

2° Pratiquement, en faisant brûler dans l'oxygène un poids donné de la substance, placé dans un calorimètre, et en déterminant le poids de glace fondue, ou l'augmentation de température d'un poids d'eau connu;

3° En déterminant le poids de plomb réduit de son oxyde par un poids donné de la substance. Cette dernière méthode n'est guère employée pour la détermination du pouvoir calorifique, car la quantité de plomb réduit mesure plutôt le pouvoir réducteur du combustible que la quantité de chaleur qu'il est capable de dégager.

4. Le pouvoir calorifique et la puissance d'évaporation, déterminés par les méthodes précédentes, ne doivent donner que des indications

relatives. La valeur pratique d'un combustible dépend en grande partie du genre de four que l'on emploie et du réglage du courant d'air nécessaire pour assurer une combustion complète. La quantité de chaleur emportée dans les cheminées par les produits de la combustion doit autant que possible être réduite au minimum, de façon à obtenir les résultats les plus économiques.

5. Les combustibles liquides ont déjà fait leur apparition, et, à en juger d'après les expériences qui ont été faites sur les locomotives du sud de la Russie, où le pétrole est abondant et à bon marché, tandis que la houille y est relativement chère, ils semblent avoir l'avantage sur les combustibles solides. Les expériences faites en Angleterre, notamment sur le *Great Eastern Railway*, pour l'emploi des combustibles liquides sur les locomotives, et aussi sur les bateaux, ont donné des résultats tout à fait encourageants; la grande difficulté est que bien peu d'huiles peuvent lutter, au point de vue du prix, avec le charbon de terre; d'ailleurs, aurait-on assez d'huile à un prix raisonnable pour s'approvisionner à cet effet, que son prix sur le marché monterait rapidement, selon toute probabilité, à un prix beaucoup plus élevé que celui qu'on en pourrait offrir.

6. Pour le choix des combustibles liquides,

on se guide d'après le poids spécifique, le point d'inflammation, et le pouvoir calorifique déterminé pratiquement en modifiant légèrement le procédé employé dans le cas du charbon de terre, ou calculé d'après les proportions de carbone et d'hydrogène contenus dans la substance.

7. Quant aux combustibles gazeux, les principaux éléments actifs qui entrent dans leur composition sont de l'hydrogène, des hydrocarbures gazeux (gaz des marais, gaz oléfiant, etc.) et de l'oxyde de carbone. La détermination de ces éléments et le calcul de leurs valeurs calorifiques relatives permettent de se rendre compte de la qualité des combustibles gazeux, au point de vue du chauffage.

CHAPITRE I.

POIDS SPÉCIFIQUE DES COMBUSTIBLES SOLIDES, LIQUIDES ET GAZEUX.

Poids spécifique de la houille et du coke. — Poids spécifique des combustibles liquides. — Point d'inflammation des combustibles liquides. — Système Holden pour l'emploi des combustibles liquides sur les locomotives et dans les chaudières fixes. — Poids spécifique des combustibles gazeux. — Méthode du Dr Letheby pour la détermination du poids spécifique. — Balance de Lux pour la détermination du poids spécifique. — Tirage des cheminées. — Tuyaux à tirage variable sur les locomotives.

Poids spécifique de la houille et du coke.

1. Il est souvent utile de connaître le volume que peut occuper un poids donné de houille; il faut pour cela déterminer son poids spécifique.

2. A cet effet, on se sert d'un petit flacon muni d'un bouchon portant un thermomètre, contenant un poids donné d'eau à une température donnée — généralement 15° C. — poids d'eau que l'on détermine au préalable avec soin. On y place 2ᵍʳ à 3ᵍʳ, bien pesés, de l'échantillon, puis

on y ajoute de l'eau, et on laisse à la houille le temps de bien s'imbiber d'eau, de façon à chasser l'air contenu dans ses pores. Le flacon est alors rempli d'eau à la température de l'expérience, et pesé de nouveau.

Soient :

P le poids de l'échantillon dans l'air,
F le poids du flacon et de l'eau,
F' le poids du flacon, de l'eau et de l'échantillon.

Le poids spécifique est donné par la formule

$$\text{Poids spécifique} = \frac{P}{P + F - F'}$$

Le poids d'un mètre cube de l'échantillon en kilogrammes s'obtient en multipliant par 1000 le chiffre trouvé pour le poids spécifique.

3. Il est très important, quand on détermine le poids spécifique de la houille ou du coke, de s'assurer que tout l'air contenu dans les pores de l'échantillon a été chassé par l'eau, avant de remplir et de peser le flacon. Voici un exemple qui montre l'erreur que l'on peut commettre en négligeant cette précaution. M. Crookes, membre de la Société Royale de Londres, a trouvé, en opérant sur $2^{gr},76$ de houille, une densité de 1,309 à 17°,7 C., en faisant la pesée immédiatement après avoir rempli le flacon

d'eau; après avoir laissé la houille s'imbiber pendant douze heures, il a trouvé comme densité 1,328, à la même température. Ainsi, suivant la seconde expérience, le mètre cube de cette houille pèserait 1328$^{k\cdot}$, tandis que d'après les premiers résultats elle ne pèserait que 1309$^{k\cdot}$, soit une différence de 19$^{k\cdot}$.

4. Le poids spécifique de la houille varie de 1,2 à 1,9. Pour beaucoup de houilles, la densité augmente avec la proportion de cendres, mais ce n'est pas une règle générale.

Poids spécifique des combustibles liquides.

5. Le poids spécifique des combustibles liquides peut se déterminer dans la plupart des cas, à 15° C., au moyen d'un densimètre, suivant la méthode ordinaire. Mais il arrive parfois que les liquides combustibles sont trop épais pour qu'on puisse se servir d'un densimètre avec précision; on détermine alors leur densité par la méthode du flacon. S'ils sont encore trop épais pour cela, on en place une goutte dans une éprouvette contenant de l'alcool à 15° C., et l'on ajoute de l'eau jusqu'à ce que la goutte reste en équilibre en un point quelconque du liquide, ce que l'on constate en la déplaçant à l'aide d'une baguette de verre. On prend alors le poids spéci-

fique du liquide au moyen du densimètre, ce qui donne la densité de l'échantillon.

Point d'inflammation des combustibles liquides.

6. La température à laquelle prennent feu à l'air, au contact d'une flamme, les vapeurs dégagées par un liquide combustible, est un élément d'une certaine importance. Plus les vapeurs peuvent s'enflammer à une faible température, plus il faut naturellement de précautions dans la manipulation, l'emmagasinement, le transport du combustible.

7. Une méthode rapide de détermination du point d'inflammation d'un liquide consiste à en verser une petite quantité dans un récipient de 5^{cm} environ de diamètre sur une égale profondeur, jusqu'à un centimètre et demi environ à partir du bord; on couvre ensuite le récipient avec une plaque d'amiante, traversée par un thermomètre descendant jusqu'à un demi-centimètre du fond. On place le vase sur un bain de sable à fond plat, et on l'entoure de sable jusqu'au niveau du liquide. On chauffe légèrement le bain de sable, de façon à élever la température d'environ 2° par minute. Après chaque élévation de 1°, on soulève la plaque d'amiante et l'on introduit rapidement une flamme dans la vapeur. Quand celle-ci prend

feu, la température indiquée par le thermomètre est prise comme point d'inflammation.

On peut déterminer avec plus de précision la température d'inflammation des huiles légères en se servant d'un appareil imaginé par Sir Frédérick Abel.

Système Holden pour l'emploi des combustibles liquides sur les locomotives et dans les chaudières fixes.

8. Ce système consiste à faire arriver le liquide combustible et l'air dans la boîte à feu, au-dessus d'une couche mince de combustible solide incandescent, par un système de robinet spécial (*fig.* 1, 2, 3), et à brûler le mélange gazeux en même temps

Fig. 1.

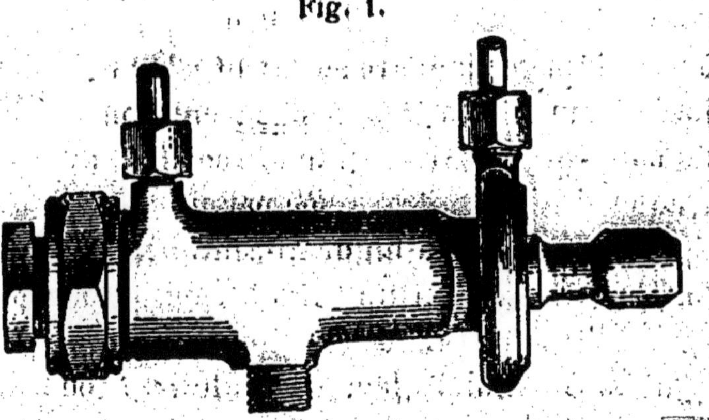

que le combustible solide, sans rien modifier à la boîte à feu, sinon pour disposer un ou plusieurs tuyaux sur les revêtements ; le foyer ainsi construit peut servir aussi pour brûler des combustibles ordinaires. On obtient par cette méthode une com-

Fig. 2.

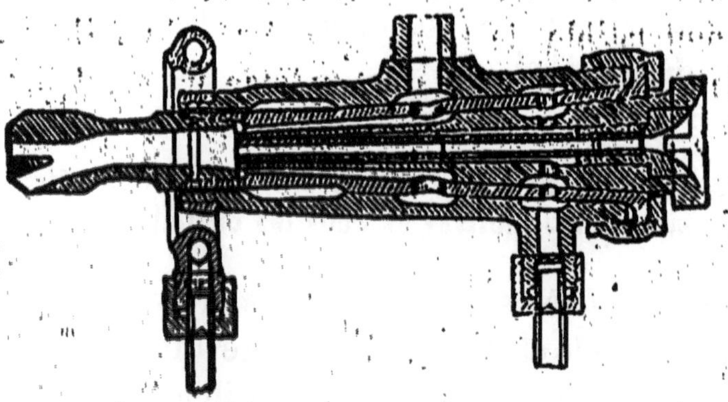

Brûleur pour locomotive.

bustion efficace, une absence complète de fumée, une chaleur intense et régulière, ainsi qu'une

Fig. 3.

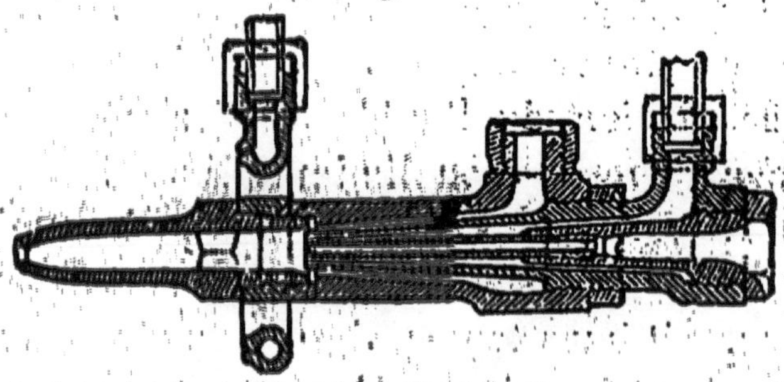

Brûleur pour chaudière fixe.

grande économie de combustible. On peut employer comme combustible solide des résidus de charbon, de la houille de qualité inférieure, du lignite, du fraisil, du bois, de la tourbe, de la sciure; toutes ces matières donnent des résultats également bons. Comme l'air nécessaire à la combustion n'a pas à traverser une couche de combustible, le tirage peut être très faible; sur les locomotives, on peut avantageusement élargir l'orifice du tuyau de tirage de 50 à 60 pour 100, ce qui réduit les pertes dans la boîte à feu, dans les tubes, dans la boîte à fumée et dans la cheminée, en empêchant les dégagements d'étincelles et de cendres, et en assurant une marche économique grâce à la diminution de la contre-pression.

9. Dans une chaudière munie de ce système, la pression de la vapeur peut se régler avec une grande facilité, car le combustible solide n'est employé qu'en quantité juste nécessaire pour constituer une couche incandescente pour l'inflammation du liquide, et l'on peut rapidement augmenter ou diminuer la pression de la vapeur en faisant varier la quantité de combustible liquide arrivant par les tuyaux. Cet avantage est surtout important sur les locomotives, car on peut ainsi fournir rapidement et assurer un supplément de vapeur dans les cas de surcharge exceptionnelle, ou pour marcher contre un vent violent, ou pour gravir une rampe, ou pour les manœuvres de remorquage ou de garage. D'un

autre côté, si une machine doit s'arrêter subitement sur un signal donné, ou attendre pour laisser passer d'autres trains, on peut, avec ce système, interrompre immédiatement la vaporisation.

10. S'il vient à se produire des fuites dans les tubes ou dans les parois de la chaudière, ou si une machine doit gravir une rampe vers la fin d'un trajet, au moment où le feu est bas, on peut maintenir la pression de la vapeur et marcher avec le combustible liquide, alors que sans lui on perdrait probablement du temps et l'on serait même forcé de s'arrêter.

11. On peut remarquer d'ailleurs que, même si les prix relatifs du charbon et du combustible liquide sont en faveur du charbon, les avantages du système sont suffisants pour en faire souhaiter l'adoption, comme un moyen de répondre à certains besoins exceptionnels dans le service d'une machine.

On trouvera au chapitre VII, § 20, les résultats obtenus par l'emploi de ce système.

Poids spécifique des combustibles gazeux.

12. Le poids spécifique des gaz combustibles a une certaine importance, car il permet de se

rendre compte de la valeur économique de ces combustibles. Plus la distillation de la houille, de l'huile de schiste, etc., se fait à haute température, plus faible est la densité des gaz produits, par suite de la décomposition des hydrocarbures lourds en carbone qui se dépose et en hydrogène et en hydrocarbures légers qui se dégagent.

Méthode du docteur Letheby pour la détermination du poids spécifique.

13. L'appareil employé pour cette méthode est représenté sur la *fig.* 4; c'est un ballon de verre d'environ 15^{cm} de diamètre, muni de deux robinets, dont l'un est terminé par un tuyau

Fig. 4.

de 20^{cm} de long sur un centimètre de diamètre, dans lequel est fixé un thermomètre; on adapte sur ce tube un bec pour brûler le gaz. L'autre robinet est mis en communication avec un tuyau venant du réservoir à gaz, et l'on fait passer le gaz à travers le ballon, en le faisant brûler à la sortie, jusqu'à ce que tout l'air contenu dans le ballon soit expulsé. A ce moment, on ferme le robinet d'arrivée du gaz, et immédiatement après le robinet supérieur, et l'on note la température et la pression atmosphérique. Le poids du ballon plein d'air sec à 15°,5 C. et à la pression de 760^{mm} est gravé sur l'appareil qui est aussi accompagné d'un bloc formant la tare du ballon vide. On place le ballon sur une balance sensible, et l'on évalue le poids qu'il faut ajouter à la tare pour faire équilibre à l'appareil plein de gaz.

Supposons que ce poids soit de 0^{gr},995 ; supposons que le gaz soit sec, à la température de 15°,5 C. et à la pression de 760^{mm} de mercure et que le ballon contienne 2^{gr},285 d'air sec à 15°,5 C. et à la pression de 760^{mm}. La densité du gaz est alors égale à

$$\frac{0,995}{2,285} = 0,435.$$

14. Mais il est très rare que le gaz soit pesé à la même température et à la même pression que l'air dont le poids est inscrit sur l'appareil ; de plus, le gaz est presque toujours humide. Il faut alors faire les corrections nécessaires pour le ramener dans les mêmes conditions de température et de pression que l'air sec.

Voici un exemple de ces corrections :

Nous supposerons que le ballon contienne 2^{gr},285, c'est-à-dire 1.867^{cc},54 d'air sec à 15°,5 C. et à la pression de 760^{mm}. Soit 1^{gr},050 le poids de gaz humide à la température de 17° C. et à la pression de 755^{mm} de mercure. Il faut d'abord réduire le volume du gaz à 15°,5 C. et à la pression de 760^{mm}. On sait que un litre de gaz augmente en pratique de $\frac{1^{lit}}{273}$ par degré centigrade, et que le volume est inversement proportionnel à la pression subie par le gaz. La tension de la vapeur d'eau augmente avec la température; à 17° C. elle est de 14^{mm},42 de mercure (*Voir* le Tableau à l'Appendice). Cette tension doit être retranchée de la pression atmosphérique dans le calcul du volume gazeux rectifié, et l'on a, comme volume de gaz à 15°,5 C. et à 760^{mm}, en appliquant les règles ci-dessus :

$$V = \frac{1\,867^{cc},54 \times (15,5 + 273) \times (755 - 14,42)}{(17 + 273) \times 760}$$

$$= 1\,810^{cc},41.$$

Ces 1810^{cc},41 de gaz à 15°,5 C. et à 760^{mm} pèsent 1^{gr},050, et le volume du ballon est de 1867^{cc},54; le poids de ce volume de gaz est

$$\frac{1867,54 \times 1^{gr},050}{1810,41}$$

et la densité du gaz est égale à

$$\frac{1867,54 \times 1,050}{1810,41 \times 2,285} = 0,474.$$

Balance de Lux pour la détermination du poids spécifique.

15. On se sert beaucoup maintenant, surtout sur le continent, d'un appareil imaginé par M. Friedrich Lux pour déterminer automatiquement la densité des gaz. La *fig.* 5 représente cet appareil ([1]). On voit que sa construction repose sur le principe du levier ordinaire. L'aiguille D se meut devant une échelle courbe C, graduée de 0 à 1, et permet de lire directement la densité du gaz contenu dans le ballon A. Ce ballon contient 2^{lit} et est relié au réservoir de gaz par le tuyau F; le gaz arrive dans le ballon par le tube G, et il en sort par le tube B, à l'extrémité duquel on peut le brûler. La chaleur rayonnée par la flamme du gaz brûlant à raison de 70^{lit} à l'heure n'influe pas d'une façon appréciable sur le gaz contenu dans le ballon. L'appareil est réglé pour la température de $15°,5$ C. et la pression de 760^{mm}.

16. Avant de commencer l'expérience, on avance ou l'on recule le contrepoids E, jusqu'à ce que l'aiguille D vienne en face de la division 1 de l'échelle graduée. On fait alors passer le gaz à travers le ballon pendant une dizaine de minutes,

---

([1]) Construit par MM. Alex. Wright et Cie, Westminster.

pour chasser la totalité de l'air. On procède

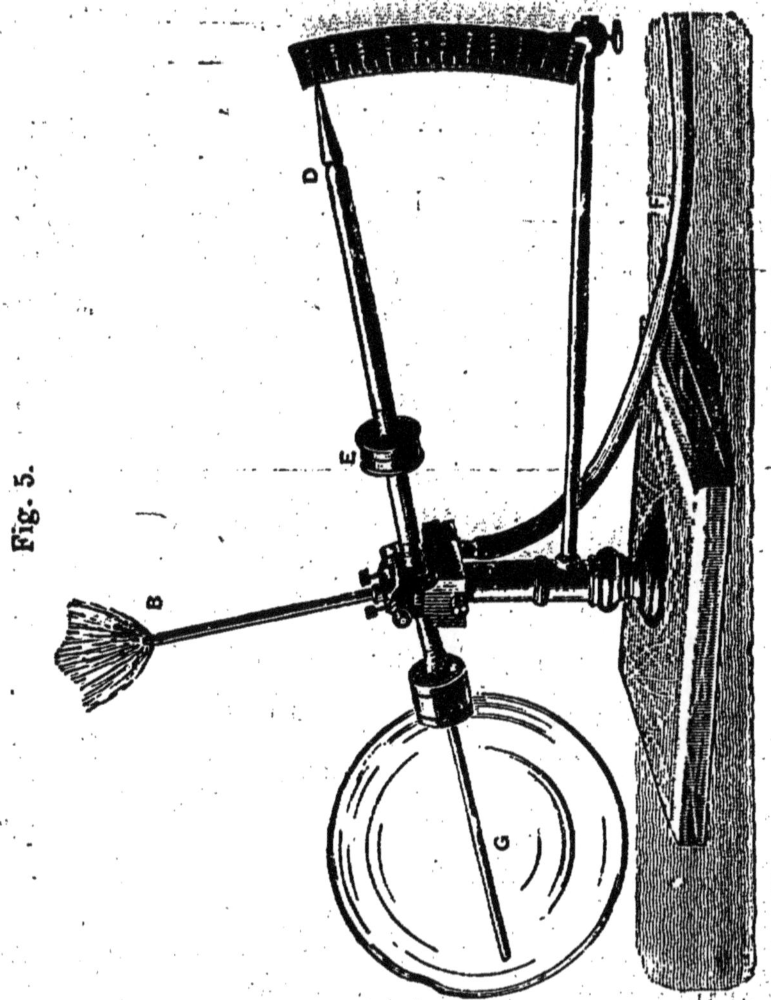

ensuite à la lecture et l'on note la température et
la pression atmosphérique.

17. Si l'on veut avoir des résultats très précis,
il faut tenir compte de la température et de

la pression. La pression du gaz contenu dans le ballon augmente avec la pression atmosphérique; comme cet appareil sert pour les gaz d'éclairage qui sont plus légers que l'air, il en résulte qu'avec une augmentation de pression la balance s'incline d'un côté, d'autant plus que le gaz est plus léger que l'air, et qu'elle s'incline de l'autre côté si la pression diminue. Dans le cas ordinaire où les gaz ont des densités variant de 0,400 à 0,500, on trouve qu'on arrive à une précision suffisante en pratique en ajoutant ou en retranchant le produit de 0,0007 par la différence des pressions en millimètres, suivant que la pression observée est supérieure ou inférieure à 760^{mm}; et en retranchant ou en ajoutant le produit de 0,002 par la différence, en degrés, entre la température observée et 15° C., suivant que cette température est supérieure ou inférieure à 15°.

18. En voici un exemple :

$$
\begin{array}{lr}
\text{Température du gaz :} & 30°\,\text{C.} \\
\text{Pression.} \ldots\ldots\ldots & 788^{mm} \\
30 - 15 = 15 & \\
788 - 760 = 28 & \\
\text{Densité observée.} \ldots & 0,4350 \\
0,002 \times 15 = 0,0300 & \\
0,007 \times 28 = 0,0196 & \\
\overline{0,0104} & 0,0104 \\
\text{Densité réelle.} \ldots\ldots & \overline{0,4246}
\end{array}
$$

19. Quand on opère sur des gaz qui peuvent contenir des hydrocarbures liquides, du goudron, etc., en suspension, il est bon de faire passer le gaz à travers un tube contenant du coton avant de l'introduire dans le ballon.

Tirage des cheminées.

20. Pour obtenir un bon tirage dans une cheminée, il faut que l'air froid employé pour la combustion soit à une certaine température; celle-ci peut se déterminer par le calcul, et l'on a trouvé que le meilleur tirage dans une cheminée s'obtient lorsque la température des gaz brûlés est à la température extérieure dans le rapport de 51 à 15. On comprend que la température de l'air n'étant pas toujours celle qui convient pour un bon tirage, il en résulte une grande diminution de la puissance d'évaporation intrinsèque du combustible.

21. Sur les locomotives, où les faibles dimensions des cheminées ne permettraient pas un bon tirage à l'aide des gaz brûlés seuls, on produit le tirage voulu au moyen d'un tuyau d'échappement de vapeur; mais par suite de la rapidité de la combustion et de la perte de gaz chauds qui en résulte, ce système de tirage forcé ne réalise pas d'économie de chaleur.

22. Rankine, au sujet du tirage des cheminées, donne des formules intéressantes, dans lesquelles figurent les températures absolues (*Steam Engine*, p. 286). Les six formules suivantes peuvent être utiles à appliquer :

Etant donné que le volume des gaz brûlés dans un four, ramené à 0° C., est de 780^{lit} par kilogramme d'air fourni pour la combustion, le volume de ces gaz, à une température T, est égal à :

$$(1) \qquad V = V_0 \times \frac{T + 273}{273} = V_0 \times \frac{\tau}{\tau_0},$$

V_0 étant le volume en mètres cubes à 0° C., τ et τ_0 étant les températures absolues.

Soient :

w le poids en kilogrammes de combustible brûlé sur une grille en une seconde;

τ_1 la température absolue des gaz s'échappant par la cheminée;

τ_0 la température absolue de la fusion de la glace (273°);

A la section de la cheminée en mètres carrés;

l la longueur totale de la cheminée en mètres, y compris le tuyau qui conduit les gaz jusqu'à la cheminée;

m le coefficient de charge, c'est-à-dire le quotient de la section de la cheminée par son périmètre (pour une cheminée ronde ou carrée, ce quotient est égal au quart du diamètre ou du côté);

f un coefficient de frottement, dont la valeur pour des

gaz passant sur des surfaces enduites de noir de
fumée est égale à 0,012, d'après Péclet;

G un facteur de résistance tenant compte du passage
de l'air à travers la grille et la couche de combustible qu'elle supporte, facteur dont la valeur est 12,
d'après les expériences de Péclet sur des grilles
brûlant de 100^{k} à 120^{k} de houille par mètre carré
de grille.

La vitesse du courant gazeux dans la cheminée
est, en mètres par seconde :

$$(2) \qquad u = \frac{w V_0 \tau_1}{A \tau_0}.$$

Si l'on représente par D la densité, en kilogrammes par mètre cube, des gaz traversant la
cheminée, on a :

$$D w V_0 \frac{\tau_1}{\tau_0} = \underbrace{w}_{\text{combus-tible.}} + \underbrace{w V_0 \times 1,293}_{\text{air.}},$$

d'où :

$$(3) \qquad D = \frac{\tau_0}{\tau_1} \left(1,293 + \frac{1}{V} \right).$$

La hauteur de charge h nécessaire pour produire ce tirage est donnée, d'après une formule
de Péclet, par l'équation :

$$(4) \qquad h = \frac{u^2}{2g} \left(1 + G + \frac{fl}{m} \right),$$

ou, en remplaçant les coefficients par leurs valeurs numériques :

$$(4\,bis) \qquad h = \frac{u^2}{2g}\left(1 + 12 + \frac{0,012\,l}{m}\right).$$

23. Il semble qu'on peut appliquer cette formule à des cheminées coniques ou pyramidales, sans erreur sensible, en les considérant comme des cheminées cylindriques ou prismatiques de section uniforme égale à la section supérieure.

24. Cette formule permet aussi de calculer la vitesse u des gaz, connaissant la hauteur h ; cette hauteur h est exprimée en mètres de colonne de gaz chauds dans la cheminée. On peut la convertir en une pression p exprimée en kilogrammes par mètre carré, en la multipliant par la densité D donnée par l'équation (3) :

$$p = h\,\mathrm{D}.$$

Ce chiffre exprime aussi la pression en millimètres d'eau :

Pression évaluée en millimètres d'eau $= h\,\mathrm{D}.$

Tuyaux à tirage variable sur les locomotives.

25. Une invention assez récente, qui a réalisé une économie de combustible sur les locomotives, est celle d'un tuyau à tirage variable, due à M. Macallan, M. I. M. E. Cet organe se trouve sous le contrôle absolu du mécanicien, qui peut à volonté régler un afflux d'air convenable, en augmentant ou en diminuant, suivant les cas, le diamètre de l'ouverture du tuyau de vapeur, au moyen d'un

Fig. 6.

couvercle mobile A (*fig.* 6), qui se manœuvre de la plate-forme à l'aide d'une tige reliée au levier B. Il paraît que ce système permet une économie moyenne de 10 pour 100 sur le combustible. La raison en est facile à comprendre. Les tuyaux de vapeur ordinaire des locomotives ont une section calculée de façon à produire un tirage assez fort pour permettre à la machine d'accomplir son effort maximum, tandis que pour les faibles charges la vapeur qui s'échappe, passant toujours par le même orifice, provoque la combustion du charbon en quantité plus grande qu'il ne faut pour produire la vapeur nécessaire.

26. Un grand avantage de ce système de tuyau d'échappement de vapeur sur les systèmes ordinaires est d'empêcher la formation du dépôt de noir de fumée qui se produit généralement, et qui a pour effet de diminuer l'orifice de sortie des gaz et d'occasionner une perte de combustible par suite de l'excès de tirage qui devient nécessaire.

CHAPITRE II.

ANALYSE DES COMBUSTIBLES SOLIDES ET LIQUIDES.

Dosage de l'humidité et des cendres dans les combustibles solides. — Dosage du coke et des matières volatiles. — Classification des houilles. — Dosage du soufre. — Méthode de Hundeshagen pour le dosage du soufre. — Dosage de l'azote. — Dosage du carbone et de l'hydrogène. — Dosage de l'oxygène.

Dosage de l'humidité et des cendres dans les combustibles solides.

1. On prend 3^{gr} de la substance pulvérisée et bien mélangée, qu'on place dans une capsule plate en platine; on fait sécher dans un bain d'air maintenu à 105° C. pendant une heure, on laisse refroidir dans un bon dessiccateur, et l'on pèse; on considère la différence de poids comme représentant l'humidité.

2. Pour la houille et le coke, il ne faut pas faire sécher plus d'une heure, sinon le poids obtenu pour l'humidité serait trop faible, par suite de l'oxydation par l'air de la pyrite qu'ils contiennent.

3. La capsule contenant l'échantillon séché est alors chauffée au rouge, avec précaution, dans un moufle jusqu'à ce que toute la matière charbonneuse soit brûlée; on la fait ensuite refroidir dans le dessiccateur, et on la pèse. On la chauffe encore une fois au moufle pendant cinq minutes, on la fait refroidir et on la pèse de nouveau. Si les deux dernières pesées donnent des résultats identiques, la différence entre le poids trouvé et le poids de la capsule vide donne la quantité de cendres contenue dans les 3^{gr} d'échantillon, quantité qu'il est facile de traduire en proportion centésimale. Les proportions de cendres laissées par différents échantillons de combustibles sont très variables, certaines variétés de charbon n'en renfermant que 2 pour 100, tandis que d'autres en contiennent jusqu'à 68 pour 100.

4. Les chiffres suivants indiquent la variation des quantités de cendres contenues dans diverses variétés de houilles :

Houilles grasses........	1,7 à 33,9 pour 100
Houilles demi-grasses..	2,8 à 23,7 »
Houilles anglaises......	1,2 à 26,5 »
Anthracites américains.	1,3 à 68,0 »

Pour les proportions de cendres renfermées dans les diverses sortes de houilles, voir le Tableau n° 13, chap. VI.

5. Il va sans dire que plus un charbon contient de cendres, moins son pouvoir calorifique est élevé, et plus il est d'un emploi difficile, à cause de la formation de mâchefer.

6. La composition des cendres de houilles varie beaucoup avec la nature de la houille et le lieu de son gisement, la houille contenant généralement les mêmes substances que le terrain encaissant. Les cendres de houilles bitumineuses consistent surtout en silicate et en sulfate de chaux avec de l'oxyde de fer et des matières argileuses; celles des *cannel coals* contiennent surtout du silicate d'alumine.

Pour la composition des cendres laissées par diverses houilles, *voir* le Tableau n° 11, Chap. VII; pour les méthodes d'analyse des cendres, *voir* au Chapitre VI.

Dosage du coke et des matières volatiles.

7. On pèse soigneusement 1ᵍʳ de l'échantillon dans un petit creuset de porcelaine muni d'un couvercle, et l'on chauffe au rouge avec précaution sur un brûleur Bunsen pendant deux minutes.

On porte ensuite le creuset à une température plus élevée en le chauffant pendant deux autres minutes sur un chalumeau à gaz, après quoi on le laisse refroidir dans un dessiccateur et on le pèse.

La perte de poids donne l'humidité et les matières volatiles ; le résidu qui reste dans le creuset représente le coke (carbone fixe et cendres).

8. On essaie le coke avec un canif, pour reconnaître s'il est friable ou compacte. On en place une petite portion sur une feuille de platine et on l'allume pour voir s'il continue à brûler ou non.

9. M. G.-E. Davis propose une intéressante classification des houilles, fondée sur la proportion de coke qu'elles peuvent donner. Voici cette classification :

1. Houille sèche (*splint coal*), à longue flamme, donnant de 50 à 60 pour 100 de coke en poussière ou légèrement collante.

2. Houille à gaz (*gas coal*), de nature bitumineuse à longue flamme, donnant de 60 à 70 pour 100 de coke aggloméré, mais très fissuré.

3. Houille maréchale (*smithy coal*), ou houille grasse, à longue flamme, donnant de 68 à 75 pour 100 de coke aggloméré compact.

4. Houille collante (*caking coal*), à courte flamme, donnant de 75 à 82 pour 100 de coke aggloméré compact.

5. Anthracite, ou charbon sans fumée pour chaudières.

Dosage du soufre.

10. Le soufre est un élément très nuisible dans la houille ou le coke, qu'on les emploie pour les chaudières ou pour la métallurgie. Une très petite quantité de soufre passant dans la fonte la rend impropre à la production de l'acier.

Dans les foyers de chaudières, les vapeurs sulfureuses produites par la combustion du soufre attaquent les tubes, les boîtes à feu, etc.

L'odeur désagréable que l'on sent sous les tunnels de chemins de fer est due en grande partie aux composés du soufre (hydrogène sulfuré, sulfure de carbone, etc.), produits par la distillation des morceaux de houille froids que l'on jette sur le coke incandescent dans les boîtes à feu des locomotives.

11. Le soufre existe sous trois formes dans la houille ou le coke, soit à l'état de pyrite de fer (FeS^2) que les hommes du métier appellent *bronze* (*brasses*), soit à l'état de sulfate de chaux ($CaSO^4$), soit à l'état de combinaison organique avec le carbone et l'hydrogène.

Le soufre qui existe sous forme de pyrite et celui qui existe à l'état de combinaison organique paraissent seuls jouer un rôle dans les applications industrielles des combustibles.

12. Pour déterminer la quantité totale de soufre contenu dans un combustible, on en pèse 2^{gr} que l'on mélange intimement avec 5^{gr} d'azotate de potassium pulvérisé pur; on verse par petites portions ce mélange en poudre dans un grand creuset d'argent contenant du carbonate de potassium anhydre pur maintenu en fusion sur la flamme oxydante d'un brûleur Bunsen. On tient le creuset avec des pincettes, en ayant soin de préserver autant que possible son ouverture de la flamme, pour éviter le contact des composés sulfurés provenant de la flamme du gaz. Après l'addition de la dernière portion de l'échantillon, on maintient le mélange en fusion pendant une dizaine de minutes; puis on l'attaque par de l'acide chlorhydrique étendu, on évapore à sec, on chauffe au bain de sable vers 130° C. pour rendre la silice insoluble, on humecte avec 10^{cc} d'acide chlorhydrique au dixième, on étend d'eau à 100^{cc}, on filtre et on lave; la liqueur claire est étendue à environ 400^{cc}, et chauffée au voisinage de l'ébullition. On y ajoute alors quelques centimètres cubes d'une solution saturée de chlorure de baryum, on agite fortement, et on laisse reposer dans un endroit chaud autant que possible, pendant une douzaine d'heures. On siphonne ensuite la liqueur claire, on filtre avec soin le précipité de sulfate de baryum ($BaSO^4$) sur un filtre suédois n° 2, et on le lave à l'eau chaude jusqu'à ce que toutes les substances solubles soient entraînées, Le filtre est étendu alors sur un verre de montre, et mis à sécher à l'étuve ; pendant ce temps, on fait soigneusement la tare d'un petit creuset de porcelaine dans lequel on place le sulfate de baryum que l'on détache du filtre une fois sec. On brûle le filtre à part, et l'on en réunit les cendres au reste du sulfate de baryum. On chauffe le creuset et son contenu au rouge sombre à la flamme oxydante d'un brûleur Bunsen, on laisse refroidir et l'on pèse. L'augmentation de poids représente le sulfate de baryum et les cendres. En retranchant le poids des cendres, et en multipliant le résultat $(BaSO^4)$ par $\dfrac{0,1373 \times 100}{2}$, on a la proportion pour 100 de soufre total.

13. Le dosage du soufre total peut se faire également en traitant la liqueur obtenue dans la méthode de détermination du pouvoir calorifique par le calorimètre, décrite au Chapitre IV, § 3. Il suffit d'acidifier la solution avec de l'acide chlorhydrique au dixième, de filtrer pour séparer les substances qui n'ont pas brûlé, d'évaporer la liqueur claire jusqu'à 400^{cc} environ dans un vase en porcelaine, et de précipiter le soufre par du chlorure de baryum ; du poids de sulfate de baryum obtenu on déduit comme ci-dessus la proportion de soufre contenu dans l'échantillon.

14. Le soufre qui existe à l'état de sulfate de chaux se détermine en faisant bouillir 5^{gr} de l'échantillon avec une solution concentrée de carbonate de sodium; le soufre passe ainsi à l'état de sulfate de sodium soluble; on acidifie avec de l'acide chlorhydrique, on étend d'eau et l'on filtre : on dose le soufre dans la liqueur comme précédemment. En retranchant la quantité de soufre ainsi trouvée du soufre total, on obtient la proportion de soufre existant sous forme de pyrite et de combinaison organique.

15. Une nouvelle méthode pour le dosage du soufre total contenu dans le coke a été indiquée par Neilson (*Chemical News*, 24 avril 1891). Voici les détails de l'opération : On mélange intimement 1^{gr} de coke avec 2^{gr} de carbonate anhydre de sodium (Na^2CO^3) et 0^{gr},5 de carbonate de manganèse ($MnCO^3$); on place le tout dans une capsule de platine à fond plat, et on le porte au rouge sombre pendant une heure; à ce moment, tout le soufre et le charbon sont oxydés. On fait fondre avec soin le mélange pendant trois minutes environ, on laisse refroidir, on place la capsule dans un récipient de 100^{cc} et l'on verse par-dessus 40^{cc} d'acide chlorhydrique étendu (20^{cc} d'acide chlorhydrique au dixième et 20^{cc} d'eau). On chauffe ensuite le mélange jusqu'à dissolution complète des matières solubles, on enlève la capsule à l'aide de pincettes en platine ou en ivoire, et on la rince à l'eau au-dessus du récipient à l'aide d'une pipette. La solution est évaporée à sec, et le résidu est chauffé pendant quelques minutes à 130° C. environ sur un bain de sable pour rendre la silice insoluble; on laisse refroidir, puis on chauffe avec environ 5^{cc} d'acide chlorhydrique concentré, on étend à 200^{cc} avec de l'eau distillée, on filtre pour séparer le résidu insoluble, et dans la liqueur claire on dose le soufre comme d'ordinaire en le précipitant à l'état de sulfate de baryum au moyen de chlorure de baryum.

16. *Méthode de Hundeshagen pour le dosage du soufre dans les combustibles.* — L'Auteur a beaucoup employé cette méthode, qui lui a donné des résultats tout à fait satisfaisants. On se sert d'un mélange composé de une partie de carbonate de potassium pur et sec et de deux parties de magnésie. On prend au moins deux parties de ce mélange pour une partie de houille : on mêle intimement les trois quarts du réactif au charbon réduit en poudre fine, et l'on verse le reste par-dessus. On obtient une combustion complète en portant le mélange au rouge pendant une demi-heure. On continue comme au § 12.

17. La proportion de soufre dans la houille varie depuis 0,2 pour 100 environ jusqu'à 10

pour 100 dans certains cas; une bonne moyenne dans les houilles anglaises est d'environ 1,5 pour 100. Dans la fabrication du coke, la moitié du soufre à peu près contenu dans la houille se combine à l'hydrogène et au carbone et disparaît à l'état de gaz sous forme de sulfure de carbone, d'hydrogène sulfuré, etc. Les houilles et les cokes qui contiennent de la pyrite de fer, quand on les porte à une haute température en présence de l'eau, dégagent des quantités considérables d'hydrogène sulfuré provenant de la décomposition de la pyrite avec formation d'oxyde de fer. La présence de la pyrite de fer dans la houille et dans le coke, outre son influence nuisible pour la production de la fonte, est aussi une source d'inconvénients graves et de perte de combustible sur les locomotives, par suite de la combinaison de l'oxyde de fer qui se produit avec la silice des cendres, combinaison donnant une scorie fusible ou mâchefer qui recouvre la grille de la boîte à feu et empêche l'accès de l'air, d'où la formation d'oxyde de carbone au lieu d'acide carbonique, ce qui donne lieu à une perte notable de chaleur.

18. On a fait beaucoup de tentatives pour désulfurer la houille et le coke, par exemple en mélangeant à la houille du sel marin avant de la transformer en coke, en chauffant le coke au

rouge dans un courant de vapeur d'eau, en faisant la distillation avec du sel et en lavant ensuite le coke, en chauffant le coke au-dessous du rouge dans un courant d'air sans pression, en mélangeant la houille avec des substances telles que la chaux, la craie, la soude, l'oxyde de manganèse, etc., avant de la distiller, etc.; malheureusement, aucune de ces méthodes n'a donné d'assez bons résultats au point de vue de l'élimination du soufre pour permettre son emploi sur une grande échelle.

Dosage de l'azote.

19. Étant donnée la faible quantité d'azote existant en général dans les combustibles, le mieux est de le doser volumétriquement. La méthode suivante est celle qui a été indiquée par Dumas. On choisit un tube à combustion d'environ $1^m,20$ de longueur, fermé à un bout comme un tube à essais; on le lave et on le sèche. On y introduit d'abord du bicarbonate de sodium pur sur une longueur de $0^m,15$, puis de l'oxyde de cuivre sur une longueur de $0^m,20$, ensuite un mélange intime de $1^{gr},5$ de l'échantillon et d'oxyde de cuivre, sur $0^m,30$; on ajoute de l'oxyde de cuivre en grains sur $0^m,30$, et de la tournure de cuivre sur $0^m,20$. On ferme le tube par un bon bouchon, traversé par un tube de dégagement recourbé,

B (*fig.* 7), et on le place dans un fourneau à combustion. Le fond du tube contenant le bicarbonate est chauffé peu à peu sur une longueur de 0^m,06; il se dégage de l'acide carbonique qui chasse l'air contenu dans le tube. Après que le gaz s'est

Fig. 7.

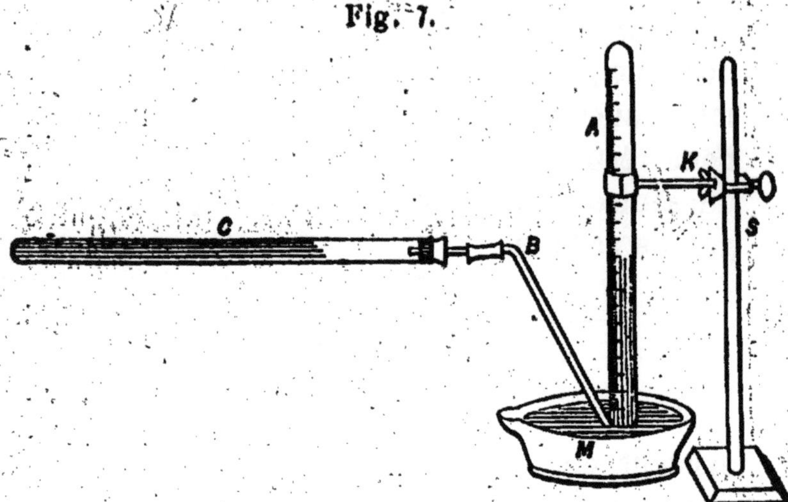

dégagé pendant quelques minutes, on introduit l'extrémité du tube B sous le mercure, contenu dans une cuve M, et l'on recueille le gaz, que l'on essaie pour voir si c'est de l'air, en renversant sur le mercure un tube à essais rempli d'une solution de potasse au dixième. Si le gaz qui se dégage est complètement absorbé, c'est que tout l'air a été expulsé; sinon, on continue à chauffer le tube jusqu'à absorption complète. Le tube gradué A, rempli de mercure aux deux tiers et d'une solution de potasse au dixième pour le troisième tiers, est ensuite placé renversé sur l'extrémité du tube de dégagement, et maintenu au moyen du support K. On procède alors à la combustion. On chauffe avec précaution au rouge la partie avant du tube contenant le cuivre, et l'on fait avancer peu à peu la chaleur vers l'autre bout du tube jusqu'à l'endroit où commence le combustible à essayer. Quand l'échantillon ne dégage plus de gaz, ou chauffe l'autre moitié du bicarbonate, ce qui donne lieu à un nouveau dégagement d'acide carbonique qui entraîne l'azote qui reste encore dans le tube. Quand le volume de gaz contenu dans le tube A reste invariable, sans que même en le secouant on puisse remarquer d'absorption d'acide carbonique, on transporte le tube, sur une petite capsule contenant du mercure, sur une cuve à eau profonde. On déplace le mercure par l'eau, on enfonce le tube dans l'eau jusqu'à ce que les niveaux soient les mêmes à l'intérieur et à l'extérieur, et l'on note le volume d'azote, ainsi que la température et la pression atmosphérique. On réduit le volume trouvé à 0° C. et à la pression de 760^{mm} de mercure; de plus, comme le gaz a été mesuré au-dessus de l'eau, il faut tenir compte de la réduction de pression de l'azote causée par la tension de la vapeur d'eau à la température de l'expérience.

20. Voici un exemple de dosage de l'azote dans un échantillon de houille de South Stafford :

Volume d'azote trouvé........ 25^{cc}
Température..................... 15° C.
Pression atmosphérique........ 758^{mm}

La tension de la vapeur d'eau, à 15° C., est équivalente à 12^{mm},677 de mercure. 1^{cc} d'azote à 0° C. et à la pression de 760^{mm} pesant 0^{gr},0012544; la proportion d'azote pour cent en poids dans l'échantillon est :

$$\frac{25 \times 273 \times (758 - 12,677) \times 0,0012544 \times 100}{(273 + 15) \times 760 \times 1,5},$$

soit

1,043 pour 100 d'azote (¹).

21. La quantité d'azote contenue normalement dans la houille varie de 0,5 à 2,5 pour 100 environ; pendant la distillation, la totalité de l'azote, pratiquement, se combine à l'hydrogène pour former du gaz ammoniac. Dans les usines à gaz, cet ammoniac vient se condenser dans l'eau, où il existe soit libre, soit en combinaison, d'où on l'extrait par une distillation avec de la chaux; en faisant passer le gaz sur de l'acide sulfurique,

---

(¹) Dans la formule, 273 est le terme à ajouter à la température centigrade pour obtenir la température absolue; 1,5 est le poids de l'échantillon analysé.

on obtient du sulfate d'ammonium, qui est aujourd'hui très employé comme engrais.

Dosage du carbone et de l'hydrogène.

22. La méthode employée pour le dosage du carbone et de l'hydrogène repose sur le principe suivant : si l'on fait brûler un combustible en présence d'un excès d'air ou d'oxygène, ou de substance oxydante quelconque, le carbone passe à l'état d'acide carbonique (CO_2), tandis que l'hydrogène forme de la vapeur d'eau (H_2O). On prend un poids donné de l'échantillon, que l'on fait brûler avec du chromate de plomb, ou avec de l'oxyde de cuivre, dans un courant d'oxygène ou d'air; les produits de la combustion (CO_2 et H_2O) sont absorbés par des réactifs appropriés, et pesés séparément; on en déduit par un calcul simple les proportions de carbone et d'hydrogène contenus dans l'échantillon.

23. On choisit un tube de fer de $0^m,020$ à $0^m,022$ de diamètre, et de $1^m,15$ de longueur environ; on en oxyde la paroi intérieure en le chauffant au rouge sur un fourneau à combustion et en y faisant passer un courant de vapeur d'eau. On garnit le milieu du tube, sur une longueur de $0^m,20$ environ, d'une couche d'oxyde de cuivre en grains fraîchement préparé, que l'on maintient entre deux tampons de toile de cuivre ; on place dans le tube une nacelle en fer d'environ $0^m,30$ de longueur que l'on remplit presque complètement de chromate de plomb récemment fondu et pulvérisé. Le tube est alors placé sur un fourneau à combustion et chauffé au-dessous du point de fusion du chromate, tandis qu'on le fait traverser par un courant d'air sec pour préserver le tube de toute humidité. On éteint ensuite le fourneau, on bouche le tube et on le laisse refroidir ; puis on retire la nacelle et l'on y place 3^{gr} à 5^{gr} d'échantillon pulvérisé et privé d'humidité que l'on mélange intimement avec le chromate. On remet la nacelle dans le tube, et l'on y introduit à l'autre bout une deuxième nacelle remplie de cuivre métallique récemment réduit. Le tube est alors replacé sur le fourneau et mis en communication, d'une part avec des tubes desséchants, d'autre part avec un tube d'absorption.

24. La *fig.* 8 montre l'appareil disposé pour une expérience. *b* est une éprouvette contenant une solution concentrée de potasse au dixième, destinée à absorber l'acide carbonique contenu dans l'air employé pour la combustion ; cette éprouvette communique avec un gazomètre par le tube *t*, et avec un cylindre *k*, contenant des fragments de chaux sodée, pour assurer l'absorption complète de l'acide carbonique. Les tubes

en U, *a*, *a*, sont remplis de chlorure de calcium en grains, qui absorbe complètement l'humidité atmosphérique; ils sont reliés au tube à combustion par le tuyau *x*. Le tube à boule *n* contient du chlorure de calcium desséché destiné à absorber la vapeur d'eau produite par la combustion

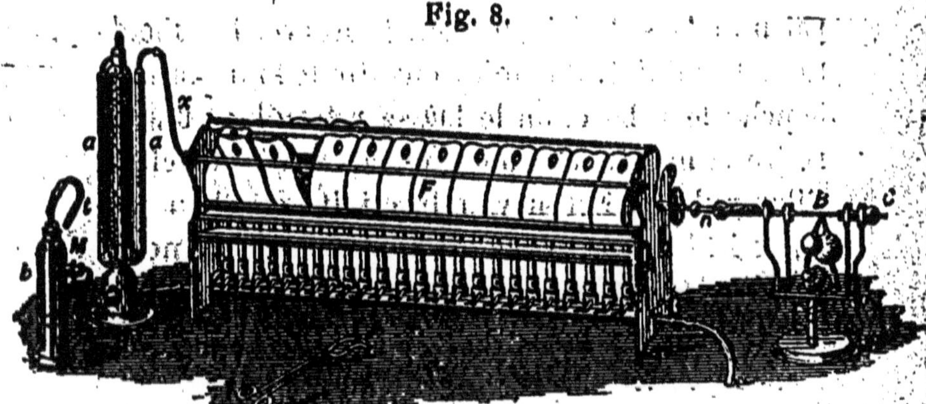
Fig. 8.

de l'hydrogène dans le tube. Les boules B contiennent une solution concentrée de potasse, qui absorbe l'acide carbonique produit par la combustion du carbone. C est un petit tube contenant du chlorure de calcium, servant à arrêter l'humidité entraînée par le gaz venant des boules B.

25. Avant de procéder à la combustion, on pèse avec soin *n* et B séparément et on les relie au tube en fer comme le montre la figure. Tous les joints étant bien bouchés, on allume le gaz vers l'extrémité du tube contenant le cuivre réduit, et

l'on fait passer un faible courant d'air à travers l'appareil, quand celui-ci est au rouge sombre. On allume ensuite le gaz de proche en proche jusqu'à la nacelle contenant l'échantillon, en procédant avec précaution, et en élevant peu à peu la chaleur jusqu'au rouge vif, au moment où le chromate est sur le point de fondre et où l'échantillon est presque entièrement brûlé. Après s'être assuré que la combustion est complète, on enlève et l'on pèse le tube à chlorure de calcium n, et les boules à potasse B. L'augmentation de poids du chlorure de calcium, multiplié par 0,1111, donne la quantité d'hydrogène contenue dans le poids d'échantillon traité; l'augmentation de poids des boules B, multipliée par 0,27273, donne la quantité de carbone.

26. Pour doser le carbone et l'hydrogène dans les combustibles liquides non volatils, on remplit les deux nacelles d'oxyde de cuivre, on fait absorber le liquide préalablement pesé par l'oxyde de l'une des nacelles, et l'on procède à la combustion comme précédemment. S'il s'agit d'un hydrocarbure volatil, on le pèse dans un petit tube d'étain, muni d'un bouchon, et on le verse dans la nacelle, en ayant soin de ne pas pousser trop brusquement la combustion, pour que les vapeurs combustibles ne puissent pas s'échapper avant d'avoir été oxydées.

27. Voici, à titre d'exemple, les résultats obtenus dans le dosage du carbone et de l'hydrogène contenus dans une houille bitumineuse d'Écosse; l'échantillon pesait 0^{gr},5.

Poids du chlorure de calcium avant la combustion... 30,^{gr}4562
Poids du chlorure de calcium après la combustion 30,6884

Poids de l'eau absorbée. 0,2322

$$\frac{0,2322 \times 0,1111 \times 100}{0,5} = 5,159 \text{ pour 100 d'hydrogène.}$$

Poids des boules à potasse avant la combustion... 52,^{gr}0318
Poids des boules à potasse après la combustion... 53,4296

Poids de l'acide carbonique. 1,3978

$$\frac{1,3978 \times 0,27273 \times 100}{0,5} = 76,244 \text{ pour 100 de carbone.}$$

28. Plus un combustible contient d'hydrogène, plus il dégage de gaz sous forme d'hydrocarbures combustibles, et par conséquent plus il donne de flamme en brûlant. C'est pour cette raison que le bois, le lignite, le *cannel coal*, etc., sont si faciles à s'enflammer; au contraire, le charbon de bois, l'anthracite, le coke, etc., qui contiennent si peu d'hydrogène et sont formés presque exclusivement de carbone, s'enflamment avec difficulté et exigent de l'air en grande quantité pour brûler complètement. La proportion d'hydrogène varie beaucoup avec les différentes sortes de houille; tandis que certains anthracites en contiennent seulement 1,5 pour 100, le *boghead* en renferme jusqu'à 8,86 pour 100.

29. La proportion de carbone varie considérablement, même dans une seule variété de houille. Certains anthracites de France en contiennent seulement 70,2 pour 100, tandis que celui du sud du Pays de Galles en renferme jusqu'à 94,2 pour 100. La proportion de carbone dans le *cannel coal* varie de 56,8 à 83,8 pour 100; dans les houilles bitumineuses, elle varie de 75 à 83 environ pour 100.

Dosage de l'oxygène.

30. Il n'y a pas de méthode simple pour le dosage direct de l'oxygène dans les composés organiques complexes. On l'évalue d'une façon générale par différence. Connaissant la proportion pour 100 de tous les autres composants contenus dans l'échantillon, on en fait la somme que l'on retranche de 100; la différence peut être considérée comme représentant l'oxygène.

31. La proportion d'oxygène entrant dans la composition de la houille varie de zéro ou à peu

près dans certaines variétés d'anthracite à 15,5
pour 100 dans certaines houilles d'Écosse. D'une
façon générale, plus un combustible contient
d'oxygène, moins il dégage de chaleur, car cet
oxygène se trouve déjà combiné avec du carbone
et de l'hydrogène, ce qui diminue le pouvoir calorifique du combustible.

CHAPITRE III.

ANALYSE DES COMBUSTIBLES GAZEUX.

Analyse des gaz combustibles. — Appareil d'Elliot. — Dosage
de l'acide carbonique, des carbures d'hydrogène, de l'oxygène, de l'oxyde de carbone, de l'hydrogène, de l'azote. — Analyse eudiométrique. — Dosage du soufre; méthode du Docteur
Letheby.

1. Les grands progrès réalisés récemment dans
la préparation des gaz propres à servir de combustibles, ainsi que dans leur application aux
industries métallurgiques et au chauffage do-
mestique, rendent nécessaire la connaissance
d'une bonne méthode industrielle permettant de
déterminer avec rapidité et avec exactitude leur
composition chimique et leur pouvoir calorifique.

2. Pour l'analyse scientifique et précise des
mélanges gazeux complexes, on pourrait recourir
à des méthodes délicates, comme celle de Frank-
land et Ward; mais elles seraient, d'une façon
générale, beaucoup trop longues et trop compli-
quées pour les besoins industriels. Dans les

usines métallurgiques, dans les fabriques de gaz à l'eau, etc., il est souvent nécessaire de faire plusieurs analyses complètes de gaz dans une seule journée afin de se faire une idée de la valeur économique des méthodes employées.

3. L'appareil d'Elliot (*fig.* 9) se recommande par la rapidité avec laquelle il permet d'opérer et par la précision très suffisante qu'il permet d'obtenir. B est un tube de 100^{cc} gradué en dixièmes de centimètre cube; le robinet I est à trois voies avec un tube de vidange; les flacons K et L tiennent chacun un demi-litre environ; M est un entonnoir mobile d'une contenance de 60^{cc}, pouvant s'adapter sur le robinet F; E est un tube de caoutchouc qui réunit les tubes A et B.

4. Avant de commencer l'analyse, on remplit les tubes A et B avec l'eau contenue dans les flacons K et L, en manœuvrant les robinets G, F et I; quand l'eau arrive dans l'entonnoir M, et que tout l'air est expulsé, on ferme F et G, on enlève l'entonnoir M et on le remplace par le tube contenant le gaz quel'on veut analyser. On abaisse alors légèrement le flacon L, le robinet F étant ouvert, puis on ferme ce robinet F, on enlève le tube de gaz et l'on replace l'entonnoir M; on élève le flacon L, on abaisse le flacon K, et l'on ouvre le robinet G; le gaz passe ainsi dans le tube gradué B.

On abaisse le flacon K et l'on agit sur le flacon L
jusqu'à ce que les niveaux de l'eau dans le tube B

Fig. 9.

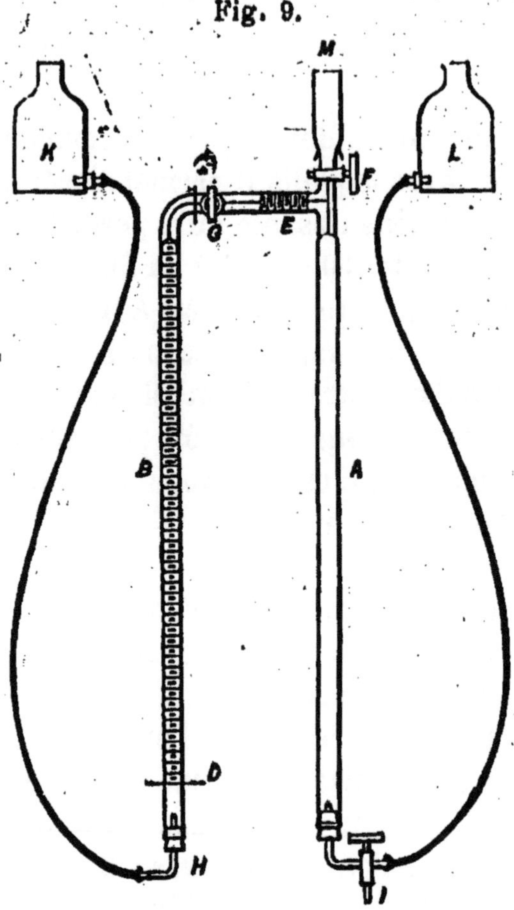

et dans le flacon K soient dans un même plan
horizontal, passant par le zéro D de la graduation
du tube B. On ferme alors le robinet G et l'on note
la température et la pression atmosphérique.

R.   4

5. Après avoir chassé le reste du gaz contenu dans le tube A en élevant le flacon L et en ouvrant le robinet F, on fait passer le volume de gaz de B dans A en manœuvrant les flacons et les robinets. On ferme les robinets, on abaisse le flacon L et l'on remplit l'entonnoir M avec une solution de potasse au dixième. On ouvre avec précaution le robinet F et l'on fait couler la liqueur alcaline dans le tube A, en ayant soin de toujours laisser une dizaine de centimètres cubes de liquide dans l'entonnoir. Quand le volume gazeux ne présente plus de contraction due à l'absorption de l'acide carbonique contenu dans le gaz, on fait passer le gaz restant dans le tube B où on le mesure, en notant la température et la pression atmosphérique. La diminution de volume du gaz initial représente l'acide carbonique.

6. On vide le tube A, et on le lave, puis on le remplit d'eau comme précédemment. On fait passer dans le tube A le gaz contenu dans le tube B, on remplit à moitié d'eau l'entonnoir M, et l'on y ajoute quelques gouttes de brome; on fait tomber ce liquide dans le tube A, de façon que les vapeurs de brome se mélangent au gaz. Quand il ne se produit plus dans le volume gazeux de contraction due à l'absorption de l'éthylène et des carbures éthyléniques, on ajoute quelques centimètres cubes de la liqueur alcaline qui a servi pour l'ab-

sorption de l'acide carbonique; celle-ci absorbe le brome en excès. Quand cette absorption est complète, on mesure le volume du gaz comme précédemment, et la diminution de volume représente les carbures éthyléniques.

7. Après avoir nettoyé le tube A et l'avoir rempli d'eau, on y fait passer de nouveau le gaz contenu dans B; on remplit l'entonnoir M d'une solution de potasse au huitième, à laquelle on ajoute environ 3 pour 100 d'acide pyrogallique; on fait couler ce mélange dans le tube A, et on le laisse en contact avec le gaz jusqu'à complète absorption de l'oxygène; on mesure alors le volume gazeux comme précédemment, et la diminution de volume représente l'oxygène.

8. On lave le tube A, on y fait passer le gaz contenu dans le tube B, on remplit l'entonnoir M d'acide chlorhydrique au dixième, contenant 25 pour 100 de chlorure cuivreux, et l'on fait tomber cette solution dans le tube A; quand il ne se produit plus de contraction dans le volume gazeux, on le mesure comme précédemment; la diminution de volume représente l'oxyde de carbone.

9. Le gaz restant peut contenir du méthane ou gaz des marais, de l'hydrogène, de l'azote; pour déterminer les proportions relatives de ces gaz,

il faut les brûler avec de l'oxygène au moyen de l'étincelle électrique. Cette opération se fait dans l'eudiomètre (*fig.* 10), contenant 100^{cc} et gradué en

Fig. 10.

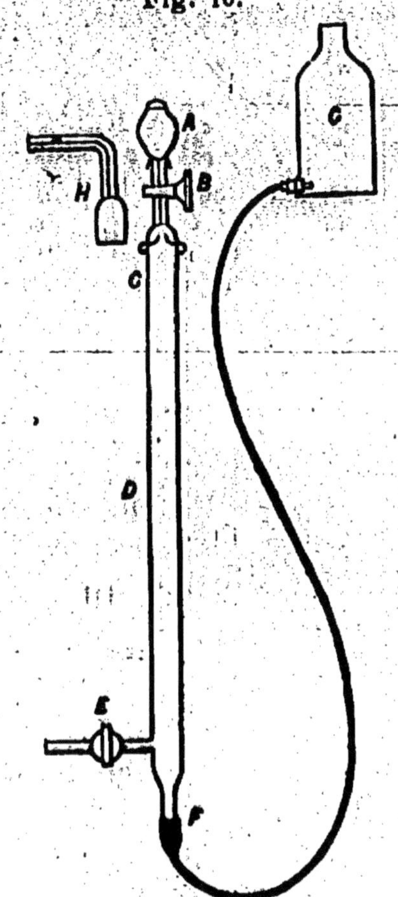

dixièmes de centimètre cube; la graduation commence à 5^{cm} au-dessus du robinet E, le zéro étant au robinet B. L'entonnoir A est mobile comme l'entonnoir M dans l'appareil d'Elliot. En C sont fixés deux fils de platine, qui sont reliés aux bornes d'une bobine d'induction. Le tube coudé H peut s'adapter sur le robinet B quand on enlève l'entonnoir A, et sert à faire passer le gaz de l'appareil d'Elliot dans l'eudiomètre. Avant de commencer l'opération, on enlève l'entonnoir M (*fig.* 9) placé sur le tube d'absorption, et on le remplace par un tube coudé semblable au tube H. Après avoir fait passer le gaz de B en A (*fig.* 9), on approche l'eudiomètre et l'on adapte au bout du tube coudé placé sur le tube d'absorption un tuyau de caoutchouc assez long pour arriver jusqu'au tube coudé H.

10. L'eudiomètre est alors rempli d'eau au moyen du flacon G, jusqu'à ce que le niveau de l'eau atteigne l'extrémité du tube H au-dessus du robinet B. On remplit d'eau le tube de caoutchouc et l'on réunit par ce tuyau les deux tubes coudés. On tourne le robinet à trois voies I, de façon à fermer le fond du tube A; on ouvre B et F et, en agissant sur les flacons, on fait passer dans l'eudiomètre 20^{cc} de gaz mesurés sous la pression atmosphérique; on ferme ensuite les robinets. On fait communiquer le tube d'entrée E avec un récipient contenant de l'oxygène sous pression, et l'on en fait passer dans l'eudiomètre une vingtaine de centimètres cubes; on agite pour mélanger les gaz, puis on amène les niveaux du

liquide au même plan, et on lit le volume. On place le flacon G au-dessous du niveau F pour détendre les gaz, on fait passer l'étincelle, et l'explosion se produit complètement. On laisse se dissiper la chaleur, et l'on observe la diminution de volume en ramenant les niveaux de l'eau, dans le tube et dans le flacon G, dans le même plan horizontal.

11. On enlève le tube coudé H, on le remplace par l'entonnoir A, et l'on détermine le volume d'acide carbonique produit par la combustion en introduisant dans l'eudiomètre quelques centimètres cubes de solution de potasse; la diminution de volume représente l'acide carbonique. Les volumes d'hydrogène, de méthane et d'azote contenus dans les 20^{cc} de gaz brûlés sont donnés par les formules suivantes, dans lesquelles :

A représente le volume initial,
C représente la contraction,
D représente le volume d'acide carbonique formé,
X, Y, Z représentent les volumes d'hydrogène, de méthane et d'azote

$$X = \frac{2C - 4D}{3}$$

$$Y = D$$

$$Z = \frac{3A - 2C + D}{3}.$$

12. En se servant de cet appareil, il faut avoir soin d'opérer dans une salle où la température reste bien uniforme pendant toute la durée de l'analyse, et de se servir d'eau et de produits qui soient à la même température que la salle.

13. Comme cette méthode permet de faire une analyse complète dans l'espace d'une heure, la température, de même que la pression atmosphérique, varie très rarement entre deux lectures, si l'on prend les précautions nécessaires; de plus, le gaz à analyser étant généralement saturé d'humidité, on n'a aucune correction à faire pour la tension de la vapeur d'eau, puisque les volumes de gaz sont mesurés sur l'eau.

Dosage du soufre dans les combustibles gazeux.

14. Il est très important que les gaz devant servir de combustibles contiennent le moins possible de soufre, comme pour la houille ou le coke. Peu importe sous quelle forme le soufre existe dans les gaz combustibles, puisque le produit final de la combustion est toujours le même, de l'acide sulfureux (SO^2). Il est donc seulement nécessaire de doser le soufre total, sans se préoccuper des proportions relatives d'hydrogène sulfuré, de sulfure de carbone, etc. La meilleure méthode pratique que l'auteur connaisse pour le

dosage du soufre total est celle du D\^r Letheby, qui consiste à brûler un volume connu de gaz dans une atmosphère d'air et d'ammoniaque; l'anhydride sulfureux produit est neutralisé par l'ammoniaque en formant du sulfite et du sulfate d'ammonium, qui se condensent et se dissolvent dans l'eau; le sulfite est transformé en sulfate par de l'eau de chlore, et le soufre est précipité par du chlorure de baryum, et dosé à l'état de sulfate de baryum comme d'habitude. Cette méthode est celle qui est adoptée par les *Metropolitan Gas Referees* de Londres pour le dosage du soufre contenu dans le gaz d'éclairage sous une autre forme que l'hydrogène sulfuré. L'hydrogène sulfuré est dans ce cas absorbé par du papier à l'acétate de plomb, et l'ammoniaque que peut contenir le gaz est absorbée par de l'acide sulfurique contenu dans un tube rempli de billes de verre; on applique ensuite la méthode du D\^r Letheby.

15. *Méthode du D\^r Letheby pour le dosage du soufre total.* — L'appareil employé pour cette méthode est représenté *fig.* 11. A est un compteur, servant à mesurer le volume de gaz sur lequel on opère; B est un brûleur Bunsen muni d'un récipient dans lequel on place des morceaux de sesquicarbonate d'ammonium. C est un entonnoir de condensation ou un cornet en verre, qui est relié au cylindre D, rempli de billes de verre, et servant

à assurer la condensation complète du sulfate et
du sulfite d'ammonium produits. Dans le fond du

Fig. 11.

cylindre est fixé un petit tube de verre par lequel
les gouttes de liquide formées pendant l'opération s'écoulent dans le récipient G placé au-
dessous.

16. Quant tout est prêt pour l'essai, comme l'indique la figure, et qu'on a placé entre la tige du brûleur et l'entonnoir de condensation de petits fragments de sesquicarbonate d'ammonium pur, on fait passer le gaz à travers le compteur, à la vitesse de vingt litres à l'heure, et on l'enflamme sur le brûleur Bunsen. Quand il a passé 400^{lit} de gaz on ferme le robinet d'arrivée, et l'on note la température et la pression moyennes. On lave le cylindre D et le tube C avec de l'eau distillée, au-dessus du récipient G. On ajoute au liquide une petite quantité d'eau de chlore pour transformer le sulfite d'ammonium en sulfate. On fait bouillir la liqueur, on l'acidule avec de l'acide chlorhydrique pur, et l'on précipite le soufre par du chlorure de baryum; on le dose comme nous l'avons indiqué au Chapitre II, § 12. Bien entendu, on ramène les 400^{lit} de gaz sur lesquels on a fait l'essai à la température de 15° C. et à la pression normale de 760^{mm} de mercure.

17. La proportion maxima de soufre existant sous d'autres états que l'hydrogène sulfuré que tolèrent les *Metropolitan Gas Referees* est de 0^{gr},356 par mètre cube de gaz.

CHAPITRE IV.

POUVOIR CALORIFIQUE DES COMBUSTIBLES SOLIDES ET LIQUIDES.

Détermination du pouvoir calorifique des combustibles solides et liquides par le calorimètre de Thompson. — Calcul du pouvoir calorifique théorique des combustibles solides et liquides d'après l'analyse chimique. — Valeur théorique des combustibles liquides.

Détermination du pouvoir calorifique des combustibles solides et liquides par le calorimètre de Thompson.

1. Cette méthode, qui est aujourd'hui très employée, consiste à brûler un poids connu de combustible avec un mélange dégageant de l'oxygène dans un cylindre de cuivre placé au milieu d'un poids d'eau déterminé, dont on prend la température exacte (*fig.* 12). De l'augmentation de température de cette eau, produite par la combustion de l'échantillon, on déduit le pouvoir calorifique et la puissance d'évaporation du combustible.

2. L'unité française de chaleur, la calorie, est la quantité de chaleur nécessaire pour élever la

température de 1ᵉʳ d'eau de 1° C., ou plus exactement de 0° à 1° C. Une calorie représente le nombre
de grammes, de livres, ou d'autres unités de poids
d'eau qu'élève de 1° C. la combustion de 1ᵉʳ, de
1 livre, ou de l'unité correspondante de poids de
l'échantillon. Pour convertir la calorie en unité de

Fig. 12.

chaleur anglaise, qui représente le nombre de
livres d'eau élevées de 1° Fahrenheit par 1 livre de
combustible, il faut la multiplier par 1,8.

3. Pour déterminer le pouvoir calorifique de la
houille ou du coke, on prend 2ᵉʳ de l'échantillon
réduit en poudre fine et desséchée, et on les mélange intimement avec 26ᵉʳ d'une poudre également sèche, formée de trois parties de chlorate de
potassium et d'une partie d'azotate de potassium,
le tout étant placé sur une feuille de papier glacé.

A l'aide d'une spatule flexible en acier, on introduit le mélange par petites quantités à la fois dans
le cylindre de cuivre B (*fig.* 13) en comprimant à
chaque fois la poudre d'une façon bien égale avec
le bout arrondi d'un tube à essais, de façon à
assurer une combustion assez uniforme. Quand

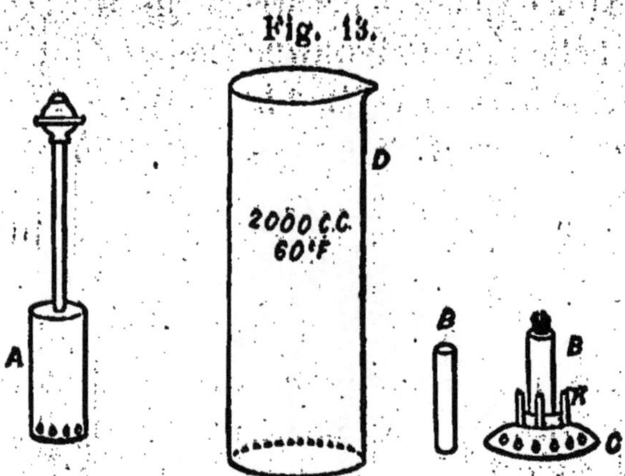

toute la poudre a été placée dans le cylindre, on
y introduit une petite mèche, formée en trempant
un bout de coton dans une solution concentrée de
salpêtre, et en la faisant ensuite sécher ; on la
laisse dépasser d'environ 15^{mm}. On place alors le
cylindre sur le support en laiton C, et l'on fixe le
condenseur A autour du cylindre B sur le support C,
en le maintenant solidement au moyen des pattes
K. Le tout est alors placé dans l'éprouvette en
verre D, où l'on a préalablement versé 2^{lit} d'eau,
et agité de haut en bas dans l'eau jusqu'à ce qu'il
ait pris la température de celle-ci. On mesure la

température à l'aide d'un thermomètre très sensible gradué au vingtième de degré centigrade.

4. La température du laboratoire est en général plus élevée que celle de l'eau ; on remplace alors un peu d'eau de l'éprouvette par un peu d'eau chaude (ou de glace, dans le cas contraire), jusqu'à ce que le liquide atteigne une température voisine de celle de la salle, comme le montre par exemple le tableau suivant :

Température de la salle. 27°	23°	20°	16°	13°	10°	6°
Température que l'eau doit atteindre........ 21	18	15	12	10	8	5
Différence............... 6	5	5	4	3	2	1

5. Une fois la température convenable atteinte, on sort l'appareil de l'éprouvette et l'on enlève le condenseur, on met le feu à la mèche, on réplace *vivement* le condenseur, et l'on replonge le tout dans l'eau. On note le moment où l'on voit apparaître des bulles de gaz par les trous disposés dans le bas du condenseur A, et l'on observe si la combustion est régulière. Quand la combustion touche à sa fin, ce qui, dans beaucoup de cas, ne demande pas moins de 60 secondes, on ouvre le robinet de A, et l'on introduit dans le tube un fil de fer pour le nettoyer. On remue l'appareil dans l'eau de bas en haut, en notant les indications du

thermomètre, qui va en montant jusqu'à un maximum que l'on note.

6. Il arrive souvent qu'une petite partie de de l'échantillon échappe à la combustion. Pour en tenir compte, on acidifie le liquide avec de l'acide chlorhydrique, et on l'évapore dans une capsule de porcelaine jusqu'à le réduire à un faible volume. On filtre alors la liqueur, on lave le résidu, on le sèche et on le place dans un creuset taré, préalablement desséché; on le brûle dans un moufle, on laisse refroidir, et l'on pèse de nouveau: la perte de poids est considérée comme représentant le carbone et l'hydrogène qui ont échappé à la combustion.

On calcule l'élévation de température T_2, température que produirait dans l'eau du calorimètre la combustion de ce carbone et de cet hydrogène, par la formule suivante :

$$T_2 = T \times \frac{C}{V},$$

T étant l'élévation de température observée dans le calorimètre lors de la combustion incomplète de l'échantillon, C étant le poids de carbone et d'hydrogène non brûlés, et V le poids des substances combustibles, sans l'humidité, contenues dans 2^{gr} de l'échantillon.

7. Voici comme exemple les chiffres relatifs à la détermination du pouvoir calorifique d'un échantillon de houille pour chaudières, du Pays de Galles :

Température de la salle.......................... 17,25
    »   de l'eau avant la combustion... 13,20
    »   »   après   »   ... 20,30

Élévation de température 20,30 — 13,20...... 7,10
Élévation de température calculée pour le carbone et l'hydrogène non brûlés........ 0,21
Élévation de température totale............ 7,31
Absorption de chaleur par le calorimètre : $\frac{1}{10}$ 0,73

                         TOTAL...... 8,04

2^{gr} d'échantillon élèvent la température de 2 litres d'eau de 8°,04 C.

Le pouvoir calorifique du combustible est donc de 8040^{cal}, c'est-à-dire que 1^{kg} de combustible en brûlant dégage assez de chaleur pour élever de 1° C. la température de 8040^{kg} d'eau.

8. La chaleur latente de vaporisation de l'eau étant de 537^{cal}, le pouvoir d'évaporation, c'est-à-dire le poids d'eau, prise à 100° C., que peut vaporiser 1^{kg} du combustible, est

$$\frac{8040}{537} = 14,97.$$

9. Pour la détermination du pouvoir calorifique

des substances riches en hydrogène, telles que les combustibles liquides et les combustibles industriels, on incorpore au mélange comburant $0^{gr},5$ à 3^{gr} de kaolin sec. La combustion est parfois difficile à prendre; mais, dans la plupart des cas, on peut la faciliter par l'emploi, sur la mèche, d'une petite quantité de poudre à canon ou d'un mélange contenant de la houille, dont on détermine au préalable le pouvoir calorifique; on retranche, de l'élévation de température observée dans le calorimètre, la part correspondant au poids introduit pour assurer la combustion.

10. Voici des renseignements sur la méthode suivie par l'Auteur pour la détermination du pouvoir calorifique de certains liquides. On fait un mélange de 16^{gr} de matière comburante et de 2^{gr} de kaolin fraîchement calciné, que l'on étend sur une capsule en porcelaine. On pèse avec soin un petit récipient pouvant contenir environ 3^{gr} du liquide à essayer, avec une petite pipette en verre, et l'on enlève ensuite $1^{gr},5$ du plateau de la balance. Le liquide est alors aspiré dans la pipette, et versé sur le mélange contenu dans la capsule, jusqu'à ce que la balance revienne en équilibre; on prélève ainsi pour l'expérience $1^{gr},5$ de liquide. Il n'est pas nécessaire que l'on prenne exactement $1^{gr},5$ de liquide, pourvu que l'on sache le poids et la quantité que l'on prélève: il est facile

de proportionner à ce poids la quantité d'eau employée dans le calorimètre. On remue le mélange avec une spatule pour le rendre bien homogène, et on le verse avec précaution dans le cylindre de cuivre. On le recouvre d'un mélange d'environ $0^{gr},04$ de houille, dont on a déterminé au préalable le pouvoir calorifique, et $0^{gr},5$ de matière comburante ; on introduit ensuite dans le cylindre une mèche de coton. La suite de l'opération se conduit comme nous l'avons déjà indiqué, sauf que le volume d'eau est de 1500^{cc}, ou un volume proportionnel au poids de liquide employé, à raison de 1000^{cc} d'eau par gramme d'échantillon.

11. Par cette méthode l'Auteur a obtenu les résultats suivants :

Un échantillon de pétrole brut d'Amérique a donné un pouvoir d'évaporation de $16^{kg},24$.

Un échantillon de paraffine brute de Russie a donné un pouvoir d'évaporation de $16^{kg},75$.

Un échantillon de créosote de houille a donné un pouvoir d'évaporation de $13^{kg},65$.

Ces résultats doivent être considérés comme un peu au-dessous de la vérité, car il se produit toujours une légère évaporation du liquide combustible pendant qu'on opère le mélange.

Détermination du pouvoir calorifique
par la bombe calorimétrique ([1]).

12. La bombe calorimétrique de MM. Berthelot et Vieille, modifiée par M. Mahler, est un obus en acier, émaillé à l'intérieur, et fermé à sa partie supérieure par un bouchon à vis; ce bouchon porte un robinet à pointeau qui sert à l'introduction de l'oxygène comprimé qui doit brûler le combustible à essayer. Le principe de la méthode consiste à faire brûler le combustible en vase clos, en présence d'une quantité convenable d'oxygène comprimé, et à noter l'élévation de température d'une masse d'eau dans laquelle est plongé l'appareil.

On introduit dans l'obus 1^{gr} du combustible en petits fragments, que l'on dépose sur une nacelle en platine fixée à l'aide d'une vis à une tige qui traverse le bouchon de l'appareil; une deuxième tige, placée près de la première, vient se terminer à quelques millimètres au-dessus de la nacelle; elles sont toutes les deux isolées, et mises en communication avec les bornes d'une batterie d'une dizaine de volts; un fil de fer de 0^{mm},1 de diamètre est tendu entre la nacelle et l'autre tige, et rougit

---

([1]) Nous indiquons ici cette méthode, dont l'emploi est général en France aujourd'hui, et qui donne des résultats très exacts.

J. R.

lorsque l'on fait passer le courant, en provoquant la combustion de la substance contenue dans la nacelle.

Après avoir introduit la substance, et refermé l'obus, on y introduit de l'oxygène provenant d'un réservoir à oxygène du commerce, dans lequel le gaz se trouve comprimé à 120 atmosphères; on fait passer le gaz dans l'obus, par le robinet à pointeau, avec interposition d'un manomètre métallique, jusqu'à ce que l'oxygène soit, dans l'obus, à la pression de 25 atmosphères, s'il s'agit de combustibles solides ou liquides; pour l'essai des combustibles gazeux, il suffit d'une pression de 1 à 5 atmosphères.

L'appareil ainsi chargé est placé dans un calorimètre rempli d'eau, avec enveloppe d'eau et agitateur. On attend cinq minutes pour que l'équilibre de température s'établisse entre l'eau et l'obus, et l'on met en mouvement l'agitateur de façon que toute la masse d'eau soit à une température uniforme. On note, de minute en minute, et pendant trois minutes, la température de l'eau, au moyen d'un thermomètre plongé dans le liquide. On provoque alors la combustion et l'on continue à noter la température toutes les minutes, pendant six minutes.

Dans le calcul du pouvoir calorifique, il faut tenir compte de la chaleur dégagée par l'oxydation du fil de fer qui sert au passage du courant;

1^{gr} de fer brûlant dans l'oxygène dégage 1600^{cal}.

Voici le détail d'une expérience faite avec 1^{gr} de naphtaline :

Poids d'eau du calorimètre......	2000^{gr}
Équivalent en eau de l'obus (c'est-à-dire poids d'eau absorbant la même quantité de chaleur que l'obus) (1).................	680
	2680

Observation des températures :

Avant l'expérience :

Après 0 seconde..............			$17,52$
» 1 »		....	$17,52$
» 2 »		....	$17,52$

Combustion :

Après 3 secondes............			$20,15$
» 4 »		....	$21,06$
» 5 »		....	$21,11$

Refroidissement :

Après 6 secondes............			$21,09$
» 7 »		....	$21,07$
» 8 »		....	$21,06$

______

(1) On détermine cette constante de l'appareil en faisant une expérience avec 1^{gr} d'une substance dont on connaît le pouvoir calorifique.

Différence de température (21°,11 — 17°,52). 3,59
Correction du refroidissement (refroidissement observé entre la 5ᵉ et la 7ᵉ seconde). 0,04
_____
3,63

$$\text{Quantité de chaleur} = 3,63 \times 2680 = 9728^{\text{cal}}$$

Correction de l'oxydation du fil de
fer = 0ᵍʳ,015 × 1600 = ... 24
_____
9704

La combustion de 1ᵍʳ de naphtaline dégage donc 9704 calories.

Calcul du pouvoir calorifique théorique des combustibles solides et liquides d'après l'analyse chimique.

13. Le carbone et l'hydrogène sont les seuls éléments des combustibles solides et liquides que l'on puisse considérer comme contribuant à leur valeur calorifique; par conséquent on peut penser que la quantité de chaleur dégagée par ces combustibles dépend des proportions respectives de ces deux éléments. Mais on doit aussi tenir compte de la quantité d'oxygène contenue dans le combustible, car cet oxygène doit être considéré comme combiné à des poids correspondants de carbone et d'hydrogène, comme cela peut avoir lieu, ce qui enlève à une certaine portion du combustible tout pouvoir calorifique.

14. La diminution du pouvoir calorifique due à la présence de l'oxygène varie suivant que cet oxygène est combiné au carbone ou à l'hydrogène. Le poids de carbone retenu par une quantité donnée d'oxygène est trois fois plus grand que le poids d'hydrogène retenu par la même quantité d'oxygène.

15. La chaleur dégagée par la combustion de l'hydrogène est toujours la même, tandis que pour le carbone elle dépend de son état d'oxydation, soit qu'il forme de l'acide carbonique (CO_2), soit qu'il forme de l'oxyde de carbone (CO); de sorte que le carbone peut avoir deux pouvoirs calorifiques distincts selon que le produit de la combustion est de l'acide carbonique ou de l'oxyde de carbone.

16. Dans l'industrie, on perd une grande quantité de chaleur, quand on n'arrive pas à oxyder complètement le carbone, comme le montrent les chiffres suivants :

	cal
Chaleur dégagée par la formation de l'acide carbonique....................	8080
Chaleur dégagée par la formation de l'oxyde de carbone....................	2473
Perte de chaleur résultant de la production de l'oxyde de carbone......	5607

17. Il résulte d'expériences faites avec beau-

coup de soin par Favre et Silbermann que la quantité de chaleur dégagée par la combustion de l'hydrogène est 4,265 fois plus grande que celle que dégage la combustion du carbone passant à l'état d'acide carbonique.

18. Le pouvoir calorifique des combustibles peut se calculer par les formules suivantes, qui donnent les poids de carbone, p, équivalant, comme chaleur dégagée, aux poids de divers combustibles :

a. Combustibles contenant seulement du carbone. $p = C.$

b. Combustibles contenant du carbone et de l'hydrogène.............. $p = C + 4{,}265\,H.$

c. Combustibles contenant du carbone, de l'hydrogène et de l'oxygène.. $p = C + 4{,}225\left(H - \dfrac{O}{8}\right).$

C, H et O représentent les poids de carbone, d'hydrogène et d'oxygène contenus dans l'unité de poids du combustible.

En calories, on a :

a. Pouvoir calorifique : $P = 8080\,C.$

b.   »   » $P = 8080\,C + 34462\,H.$

c.   »   » $P = 8080\,C + 34462\left(H - \dfrac{O}{8}\right).$

19. Le Tableau suivant donne les pouvoirs calo-

rifiques de plusieurs substances, calculés d'après
les formules précédentes.

COMBUSTIBLES.	COMPOSITION				Poids de carbone équivalent p.	Pouvoir calorifique (calories).	Poids d'eau élevé de 0° à 100° C.	Poids d'eau prise à 100° C. vaporisé.
	C.	H.	O.	Cendres.				
Hydrogène.........	»	1,000	»	»	4,265	34 462	344,62	62,658
Gaz des Marais....	0,750	0,250	»	»	1,816	14 675	146,75	26,082
Ethylène..........	0,875	0,143	»	»	1,466	11 849	118,49	21,543
Houille du Pays de Galles	0,838	0,048	0,041	0,049	1,020	8 241	82,41	14,983
Houille de New-castle...........	0,821	0,053	0,057	0,038	1,017	8 220	82,20	14,945
Carbone..........	1,000	»	»	»	1,000	8 080	80,80	14,691
Houille d'Écosse ..	0,785	0,056	0,097	0,040	0,973	7 861	78,61	14,292
Houille du Derby-shire............	0,797	0,049	0,101	0,026	0,956	7 733	77,33	14,060
Houille du Lanca-shire............	0,779	0,053	0,095	0,019	0,955	7 717	77,17	14,031
Lignite desséché au four............	0,600	0,060	0,307	0,020	0,694	5 640	56,40	10,254
Lignite desséché à l'air............	0,461	0,046	0,246	0,015	0,526	4 250	42,50	7,727

20. Pour déterminer la température de combustion dans l'air, d'après la composition chimique des substances, il faut faire certaines
corrections pour tenir compte de la chaleur
latente de l'eau produite par la combustion de
l'hydrogène disponible, ainsi que des chaleurs
spécifiques de l'acide carbonique, de la vapeur
d'eau, de l'azote et de l'air. La formule suivante
permet de déterminer la température de combus-

tion d'une substance brûlant complètement à l'air libre :

$$T = \frac{c \times C + c' \times H - l + W}{S \times 3{,}67 \times C + 9H + S'W + S''N + S'''A}.$$

T = élévation de température produite par la combustion ;

C, H = quantité de carbone et d'hydrogène disponibles dans le combustible ;

W = quantité d'eau produite par la combustion ;

l = chaleur latente de l'eau ;

S, S', S'', S''' = chaleurs spécifiques de l'acide carbonique, de la vapeur d'eau, de l'azote et de l'air ;

c, c' = pouvoirs calorifiques du carbone et de l'hydrogène ;

N = poids d'azote contenu dans la quantité d'air nécessaire pour la combustion complète ;

A = excès d'air fourni pour assurer la combustion.

21. Cette formule donne la température maxima que peut produire la combustion, en supposant que le carbone passe à l'état d'acide carbonique, dans les meilleures conditions possibles. En pratique, la quantité de chaleur dégagée est généralement plus faible que celle qui se déduirait de la formule précédente, et cela pour plusieurs causes : combustion imparfaite, perte de combustible dans les fumées, poussières incomplètement oxydées, etc.

22. Rankine prend pour unité le poids de combustible nécessaire pour évaporer 1^{kg} d'eau prise

à 100° C. sous la pression de 1^{kg} par centimètre carré, ce qui exige 537^{cal}; il donne la formule suivante, dans laquelle :

E est le pouvoir d'évaporation théorique, toutes corrections faites ;

e le poids d'eau évaporée réellement ;

T_1 la température d'ébullition de l'eau sous la pression de 1^{atm} ;

T_f la température de l'eau d'alimentation ;

T_b la température d'ébullition de l'eau dans les conditions de l'expérience

$$E = e\left(1 + \frac{T_1 - T_f + 0,3\,(T_b - T_1)}{537}\right).$$

Le résultat représente le nombre de kilogrammes d'eau qui seraient évaporés à la température de 100° C. par 1^{kg} de combustible, s'il n'y avait aucune perte de chaleur. Mais il y en a toujours, et le rendement d'un fourneau est exprimé par le rapport $\dfrac{\text{Eau vaporisée}}{E}$, qui serait égal à 1 s'il n'y avait pas de perte.

23. La diminution du pouvoir d'évaporation qui résulte des gaz perdus dans l'atmosphère peut se calculer par la formule suivante :

$$\text{Perte par la cheminée} = \frac{1 + A'}{2222} \times T_c,$$

dans laquelle $1 + A'$ représente le poids de gaz brûlés par unité de poids du combustible, et T_c la différence de température en degrés centigrades entre les gaz de la cheminée et l'atmosphère. Pour les houilles ordinaires, $1 + A'$ varie de 13 à 25; pour les combustibles liquides, il est voisin de 16,3, s'il n'y a pas d'air en excès.

24. Le Tableau suivant est relatif à la combustion de la houille sur une grille avec cheminée, la température des gaz perdus étant de 315° C :

$1 + A'$.	T_e	VOLUME de gaz en mètres cubes.	DIMINUTION du pouvoir d'évaporation.
13	315°	9,222	1,95
19	315°	13,450	2,85
25	315°	17,697	3,75

25. Pour la détermination de la puissance d'évaporation des combustibles d'après leur composition chimique, Rankine propose la formule :

$$E = 15 \times C + 64 \times H - 8 \times O,$$

C, H et O étant les poids de carbone, d'hydrogène et d'oxygène contenus dans l'unité de poids du combustible. Pour le calcul de la quantité d'air nécessaire pour la combustion, il donne la formule :

$$A = 12 \times C + 36 \times H - 4,5 \times O.$$

La valeur pratique d'un combustible est en

réalité un peu plus faible que ne l'indique la formule.

26. Les chiffres du Tableau suivant ont été obtenus par Rankine :

COMBUSTIBLES.	COMPOSITION chimique			A.	E.	ÉVAPORATION due à	
	C.	H.	O.			C.	$H - \frac{O}{8}$.
Charbon de bois.	0,93	0,00	0,00	11,5	14,0	11,0	0,0
Coke............	0,88	0,00	0,00	10,6	13,2	13,2	0,0
Pétroles { $C^{16}H^{30}$.	0,84	0,10	0,00	15,75	22,7	12,7	10,0
Pétroles { $C^{24}H^{44}$.	0,85	0,15	0,00	15,65	22,5	12,66	9,84
Houille..........	0,87	0,05	0,04	12,1	15,0	13,03	2,85
»	0,83	0,03	0,06	11,7	15,5	12,75	2.75
»	0,75	0,05	0,05	10,6	14,1	11,25	2,85
Ethylène........	0,75	0,25	0,00	18,0	27,3	11,25	16,05
Acétylène........	0,85	0,14	0,00	15,43	22,1	12,9	0,2
Lignite sec......	0,56	0,06	0,31	7,7	10,1	8,5	1,5
Bois sec.........	0,58	0,05	0,40	6,0	7,5	7,5	0,0

Valeur théorique des combustibles liquides.

27. Le Dr Paul détermine le pouvoir d'évaporation des hydrocarbures en les considérant comme la somme des pouvoirs d'évaporation de l'hydrogène et du carbone contenus dans ces hydrocarbures, en supposant que, lorsque la combustion a lieu en présence de la quantité d'air théorique, chaque kilogramme de carbone évapore 11^{kg},359 d'eau prise à 15°,5 C., et chaque kilogramme d'hydrogène 41^{ks},895 d'eau pour la convertir en vapeur à 100°C.

28. Les résultats obtenus par cette méthode sont donnés par le Tableau suivant. La dernière colonne contient les quantités d'eau évaporée sur une grille d'où les gaz s'échappent à une température dépassant de 315° C., celle de l'air alimentant la combustion.

COMBUSTIBLES	C.	H.	O.	Pouvoir d'évaporation. (Kg. d'eau à 100°C.)	Kg. d'eau évaporés, l'eau étant prise à 15°,5 C.
Phénol........	76,6	6,40	17,00	12,2437	10,5025
Crésol........	77,77	7,41	14,82	13,0096	11,1632
Naphtaline....	93,75	6,25	»	15,4350	13,0751
Anthracine....	94,38	5,62	»	15,2417	13,2675
Xylol.........	90,56	9,44	»	16,5866	14,2415
Cumol.........	90,00	10,00	»	16,7838	14,4126
Cymol.........	89,55	10,45	»	16,9422	14,5500

29. D'une façon générale, on peut compter que, en pratique, 1^{ks} de combustible liquide n'évapore guère plus de 16^{ks} d'eau.

30. Nous donnons ici un exemple d'application de la méthode de Paul pour la détermination du pouvoir calorifique *effectif* des combustibles liquides.

COMBUSTION DE 1^k DE CARBONE.

	CALORIES	Kg d'eau évaporés	
		à 100°C.	à 15°,5 C.
Chaleur totale de combustion.	8080	15	»
Chaleur utilisable............	8080		
Perte par les gaz s'échappant à 315°C................	1930	3,6	»
Chaleur effective.............	6150	11,14	9,8

COMBUSTION DE 1^k D'HYDROGÈNE.

	CALORIES	Kg d'eau évaporés	
		à 100°C.	à 15°,5 C.
Chaleur totale de combustion.	34460	64,2	»
Chaleur latente de la vapeur d'eau......................	4497	»	»
Chaleur utilisable............	29963	»	»
Perte par les gaz de la combustion......................	6400	11,9	»
Chaleur effective.............	23563	42,3	38

On obtient les résultats suivants, avec deux variétés de combustibles liquides, A et B, contenant:

A,...... 86 pour 100 de carbone et 14 pour 100 d'hydrogène;

B,..... 75 pour 100 de carbone et 25 pour 100 d'hydrogène :

A

CARBONE.	HYDROGÈNE.	CHALEUR TOTALE de combustion.	POUVOIR d'évaporation.	
			Eau à 100° C.	Eau à 15°,5 C.
0,86................ $\times$ 8080 = 6948				
0,14..... $\times$ 34460 = 4824			21,9	18,8
		11772		

GAZ PRODUITS par la combustion.		CALORIES emportées par les gaz.		
	kg			
Acide carbonique.	3,16	228		
Vapeur d'eau... .	1,26	199		
Azote.............	11,45	935		
Excès d'air.......	14,37	1180	2,2	
	30,74	2512	4,8	

Chaleur totale de combustion..	11772			
Chaleur latente de la vapeur d'eau...........................	676	1,3		
Chaleur utilisable..............	11096			
Perte par les gaz de la combustion..........................	2512	4,8		
	8554	15,8	13,6	
Pouvoir d'évaporation théorique........	21,9			

B

CARBONE.	HYDROGÈNE.	CHALEUR TOTALE de combustion.	POUVOIR d'évaporation.	
			Eau à 100° C.	Eau à 15°,5 C.
0,75.................. $\times$ 8080 = 6060				
0,25...... $\times$ 34460 = 8615				
		14675	27,1	23,1

GAZ PRODUITS par la combustion.		CALORIES emportées par les gaz.		
	kg			
Acide carbonique.	2,75	199		
Vapeur d'eau.....	2,25	356		
Azote.............	13,39	1093		
Excès d'air.......	17,39	1380	2,6	
	35,78	3028		

Chaleur totale de combustion..	14675			
Chaleur latente de la vapeur d'eau.......................	1207	2,2		
Chaleur utilisable.............	13468			
Perte par les gaz de la combustion.........................	3028	5,6		
Chaleur effective..............	10440	19,3	16,6	
Pouvoir d'évaporation théorique........	27,1			

CHAPITRE V.

POUVOIR CALORIFIQUE DES COMBUSTIBLES GAZEUX.

Pouvoir calorifique des gaz combustibles. — Chaleur de combustion. — Comparaison de la valeur calorifique d'un gaz avec la valeur calorifique d'une houille. — Calorimètre de Hartley pour la détermination de la valeur calorifique pratique des combustibles gazeux.

Pouvoir calorifique des combustibles gazeux.

1. Le pouvoir calorifique absolu A d'un gaz combustible contenant de l'oxyde de carbone, de l'hydrogène, du méthane, de l'éthylène, de l'azote, de l'acide carbonique et de la vapeur d'eau, peut s'obtenir par la formule suivante, de Bunsen. Étant donné que

1er d'oxyde de carbone se combine avec 0^{gr},57 d'oxygène,
1er d'hydrogène   »   » 8^{gr} »
1er de méthane   »   » 4^{gr} »
1er d'éthylène   »   » 3^{gr} »

et que la combustion de 1^{gr} de méthane produit 2^{gr},25 d'eau, et celle de 1^{gr} d'éthylène produit

$1^{gr},29$ d'eau, on a la formule :

$$A = 3000 \left[x \times k \times 0,57 + 1,5 \times h \times 8 + 1,1 \times m \times 4 \right.$$
$$\left. + 1,17 \times e \times 3,43 \right]$$
$$- 550 \left[9 \times h + 2,25 \times m + 1,29 \times e + w \right],$$

dans laquelle

$$k = \text{poids d'oxyde de carbone (CO)},$$
$$h = \quad \text{»} \qquad \text{hydrogène (H)},$$
$$m = \quad \text{»} \qquad \text{méthane (CH}^4\text{)},$$
$$e = \quad \text{»} \qquad \text{éthylène (C}^2\text{H}^4\text{)},$$
$$w = \quad \text{»} \qquad \text{vapeur d'eau (H}^2\text{O)}.$$

Nous avons représenté par x le coefficient relatif à l'oxyde de carbone, parce qu'on ne sait pas si c'est $1,44$ ou $1,1$.

2. La température de combustion des combustibles gazeux dans l'air s'obtient par la formule suivante, obtenue en partant de ce que :

1^{gr} d'oxyde de carbone en brûlant donne $1^{gr},57$ d'acide carbonique,

1^{gr} de méthane en brûlant donne $2^{gr},75$ d'acide carbonique et 2^{gr} d'eau,

1^{gr} d'éthylène en brûlant donne $3^{gr},14$ d'acide carbonique et $2^{gr},29$ d'eau.

Élévation de température :

$$T = \frac{A}{Q(K) \times S + Q(w) \times S' + Q(a) \times S''}.$$

Dans cette formule :

$$Q(K) = K + 1,57 \times k + 2,75 \times m + 3,14 \times e,$$
$$Q(w) = w + 9 \times h + 2,25 \times m + 1,29 \times e,$$
$$Q(a) = a + 3,33 (0,57 + h + 8 \times h + 4 \times g$$
$$+ 3,43 \times e),$$

K et *a* représentant les poids d'acide carbonique et d'azote contenus dans le gaz; S, S' et S" étant les chaleurs spécifiques de l'acide carbonique, de la vapeur d'eau et de l'azote.

3. La chaleur de combustion dans l'oxygène pur est plus élevée que dans l'air, comme le montrent ces chiffres obtenus par les formules précédentes ([1]) :

---

[1] Ces chiffres sont trop élevés. Voici des résultats indiqués par M. Le Chatelier :

	TEMPÉRATURE DE COMBUSTION DANS L'AIR	
	à volume constant.	à pression constante.
Oxyde de carbone....	2430° C.	2100° C.
Hydrogène..........	2320° C.	1970° C.
Méthane............	2150° C.	1850° C.

J. R.

	COMBUSTION dans l'oxygène.	COMBUSTION dans l'air.
Carbone................	9873° C.	2458° C.
Éthylène..............	9187°	5413°
Hydrogène............	8061°	3259°
Méthane..............	7857°	5329°
Oxyde de carbone......	7067°	3042°

4. En général, la quantité de chaleur dégagée par la combustion d'un composé est moindre que les quantités de chaleur dégagées par ses divers composants; mais il n'en est pas toujours ainsi. Il semble que les composés polymères, c'est-à-dire les corps qui ont la même composition centésimale, mais dont la molécule contient des nombres d'atomes différents, dégagent des quantités de chaleur différentes.

5. Voici, par exemple, le Tableau des quantités de chaleur dégagées par les hydrocarbures de la série éthylénique :

HYDROCARBURES.	FORMULES.	CALORIES.
Éthylène................	C^2H^4	11 858
Amylène................	C^5H^{10}	11 491
Paramylène	$C^{10}H^{20}$	11 303
Cétène................	$C^{16}H^{32}$	11 055
Métamylène	$C^{20}H^{40}$	10 923

Comparaison d'un gaz et d'une houille
au point de vue thermique.

(FORD, *J. Iron and Steel Institute.*)

6. Considérons un gaz naturel du district de Pittsburg, ayant la composition moyenne suivante :

Acide carbonique......	0,60	pour 100
Oxyde de carbone.....	0,60	»
Oxygène.............	0,80	»
Ethylène............	1,00	»
Hydrure d'éthyle......	5,00	»
Méthane.............	67,00	»
Hydrogène...........	22,00	»
Azote...............	3,00	»
	100,00	

D'après la densité de ces gaz, on trouve que 1000^{lit} pèsent $648^{gr},585$, par le calcul suivant :

			gr
Méthane........	670^{lit}	pesant	480,256
Ethylène........	10	»	12,534
Hydrure d'éthyle.	50	»	67,200
Hydrogène......	220	»	19,712
Azote..........	30	»	37,632
Acide carbonique.	6	»	12,257
Oxyde de carbone.	6	»	7,526
Oxygène........	8	»	11,468
			648,585

Calculons maintenant les calories représentées par ces gaz :

gr		cal
480,256 de méthane	représentent	6273580
12,531 d'éthylène	»	149100
67,200 d'hydrure d'éthyle	»	776790
19,712 d'hydrogène	»	679290
7,526 d'oxyde de carbone	»	18080
37,630 d'azote	»	»
12,257 d'acide carbonique	»	»
11,468 d'oxygène	»	»
648,585		7896840

Comme 1^{gr} de carbone dégage 8080^{cal}, nous voyons que le poids de carbone représentant 7896840^{cal} est de $\frac{7896840}{8080} = 977^{gr},331$; $648^{gr},585$ du gaz considéré équivalent donc à $977^{gr},331$ de carbone. Supposons que le coke auquel nous voulions comparer ce gaz contienne en chiffres ronds 90 pour 100 de carbone; il faudra

$$977^{gr},331 \times \frac{100}{90} = 1085^{gr},023$$

de coke pour obtenir le même dégagement de chaleur que produiraient 1000^{lit} de gaz; en d'autres termes, à 100^{gr} de gaz correspondent

$$1085^{gr},92 \times \frac{100}{648,585} = 167^{gr}$$

de coke. Si le coke coûte 20^{fr} la tonne, 1085^{gr},92 reviennent à 0^{fr},0217, c'est-à-dire que le mètre cube de gaz vaut 0^{fr},0217.

7. Comparons maintenant les pouvoirs calorifiques de ce gaz et d'une houille bitumineuse d'une qualité légèrement supérieure à celle de la généralité des houilles du bassin de Pittsburg; voici sa composition :

Carbone.................	82,75	pour 100
Hydrogène...............	5,31	»
Azote...................	1,04	»
Oxygène.................	4,64	»
Cendres.................	5,31	»
Soufre..................	0,95	»
	100,00	

On trouve que 1^{gr} de cette houille représente 8527^{cal}. Le poids de houille équivalent à 1^{mc} de gaz est donc égal à $\frac{7\,896\,840}{8527} = 926^{gr},095$. Si la houille vaut 20^{fr} la tonne, 926^{gr},095 reviennent à 0^{fr},0185 et le mètre cube de gaz vaut 0^{fr},0185. Le prix de la houille étant sujet à des variations, la valeur du gaz variera dans les mêmes proportions. Si par exemple la houille se vend 10^{fr} la tonne, la valeur du gaz ne sera que de 0^{fr},009 le mètre cube.

8. En faisant la comparaison du gaz avec l'anthracite, on trouvera que 1ᵐᶜ de gaz équivaut à 1ᵏˢ d'anthracite. Si donc l'anthracite se vend 40ᶠʳ la tonne, le mètre cube de gaz vaut 0ᶠʳ,04.

Calorimètre de Hartley pour la détermination du pouvoir calorifique pratique des combustibles gazeux.

9. Hartley a imaginé une méthode pratique qui permet de se faire une idée de la quantité de chaleur que peut dégager la combustion d'un gaz donné, et qui donne des résultats assez exacts pour des industriels. Ce procédé consiste à brûler peu à peu, mais complètement, un volume donné de gaz, et à employer la chaleur dégagée à échauffer un volume d'eau déterminé, à une température connue; de l'élévation de température de l'eau on déduit le pouvoir calorifique du gaz.

10. La *fig.* 14 représente l'appareil construit par la maison Wright et Cⁱᵉ, de Westminster. A est un petit réservoir d'où l'eau s'écoule sur un thermomètre très sensible contenu dans le tube B; l'eau arrive ensuite, par un tuyau en caoutchouc, dans une enveloppe entourant le bec d'un brûleur spécial C, puis elle traverse un serpentin qui enveloppe le calorimètre D, et sort par l'extrémité supérieure de D, d'où elle descend sur une série de lames inclinées qui offrent une grande surface,

et arrive jusque dans le récipient J. Le gaz tra-

Fig. 14.

verse le compteur M, et son débit et celui de l'eau
sont réglés de telle sorte que la température de
l'eau à sa sortie soit supérieure de quelques

degrés à sa température à l'entrée, et que les températures indiquées par les quatre thermomètres employés restent constantes. Pendant ces tâtonnements, on fait couler l'eau, non pas dans le récipient J, mais au dehors par un robinet de dégagement.

11. Quand tout est prêt pour l'expérience, et que l'aiguille du compteur est au zéro, on ferme le robinet de dégagement, et l'on fait couler l'eau dans le récipient J. Le volume de gaz que l'on brûle est en général de 10^{lit}, et l'opération dure de dix à douze minutes. Quand on a brûlé 10^{lit} de gaz, on ferme l'arrivée de l'eau, on note l'élévation de température de l'eau contenue dans le récipient J et l'on pèse cette eau. Le poids de l'eau multiplié par l'élévation de température donne le pouvoir calorifique des 10^{lit} de gaz. Par exemple, si le poids d'eau pour 10^{lit} de gaz est de 12^{kg}, et l'élévation de température de 9°C., la chaleur dégagée par un mètre cube de gaz est égale à $12 \times 9 \times 100 = 10800^{cal}$.

12. Il faut naturellement faire les corrections de température et de pression. Il faut aussi ajouter, à la chaleur trouvée, la perte de chaleur produite par conduction dans le récipient J. La valeur de cette correction se détermine une fois pour toutes en plaçant dans le récipient J un

poids connu d'eau à une température un peu supérieure à la température ambiante et en observant la perte de chaleur qui se produit par conduction.

CHAPITRE VI.

ANALYSE DES CENDRES DES COMBUSTIBLES.

Analyse des cendres. — Dosage de la silice, de l'acide sulfurique, de l'oxyde de fer, de la chaux, de la magnésie, de l'acide phosphorique, de la potasse, de la soude, de l'acide carbonique.

1. Il est souvent utile de connaître la composition des cendres d'un combustible, car ces cendres jouent un rôle assez important dans certaines opérations comme celles de la métallurgie. La méthode suivante comprend l'analyse des substances contenues généralement dans les cendres des combustibles :

On brûle par petites quantités à la fois 200^{gr} à 300^{gr} d'échantillon dans une capsule plate en platine ou en porcelaine, dans un moufle au rouge vif ; on laisse refroidir et l'on introduit les cendres dans un flacon bouché.

Dosage de la silice.

2. On place 2^{gr} de cendres dans un creuset de platine d'environ 50^{cc} de capacité, et on les mélange avec 8^{gr} de flux de Frésénius ($Na^2CO^3 + K^2CO^3$); on couvre le creuset, et l'on maintient les matières en fusion sur un four à flamme soufflée pendant à peu près un quart d'heure. On laisse ensuite refroidir, on place le creuset et son contenu dans un vase d'environ 250^{cc} de capacité, et l'on verse par-dessus 50^{cc} d'acide chlorhydrique pur étendu (25^{cc} d'acide de densité 1,16 et 25^{cc} d'eau). On couvre le vase et l'on chauffe doucement jusqu'à dissolution de tout ce qui est soluble; on retire alors le creuset de la liqueur à l'aide d'une paire de pincettes d'ivoire ou d'un agitateur en verre et l'on détache la silice qui peut adhérer au creuset au moyen d'une plume et d'un jet d'eau lancé par une carafe à laver. La solution est évaporée à sec au bain-marie, et le résidu est chauffé au bain de sable pendant une heure à peu près, à une température d'environ 130°C., pour rendre la silice insoluble. On laisse ensuite refroidir, on humecte le résidu avec 10^{cc} d'acide chlorhydrique au dixième, et l'on chauffe doucement au bain-marie pendant une dizaine de minutes. On ajoute 200^{cc} d'eau, et l'on fait bouillir la solution jusqu'à dissolution complète

de toutes les substances solubles. Le résidu insoluble est de la silice pure, toutes les bases étant passées à l'état de chlorures. On filtre pour séparer la silice, qu'on lave avec une solution bouillante d'acide chlorhydrique au vingtième, jusqu'à ce que le liquide de lavage ne donne plus de coloration rouge, quand on en mêle une goutte avec une goutte de sulfocyanure de potassium dans un verre de montre ([1]). On met de côté la liqueur filtrée, pour les dosages ultérieurs. On enlève de l'entonnoir le filtre avec son contenu, on l'étend sur un verre de montre, et on le fait sécher à l'étuve. En même temps on fait avec soin la tare d'un creuset de platine ou de porcelaine de dimension convenable. Quand la silice est sèche, on la fait passer dans le creuset taré en la poussant avec un couteau bien propre et un pinceau, on brûle le filtre à part, et l'on réunit ses cendres au reste de la silice; on calcine au rouge dans un moufle pendant environ un quart d'heure, on laisse refroidir et l'on pèse. L'augmentation de poids du creuset, diminuée du poids des cendres du filtre, donne la silice (SiO^2), libre ou combinée, contenue dans les 2^{gr} de l'échantillon. En multipliant le résultat par 50, on obtient la proportion pour 100 de la silice dans les cendres du combustible.

([1]) C'est la réaction qui permet de reconnaître les sels ferriques.

Dosage de l'acide sulfurique.

3. La liqueur filtrée provenant du dosage précédent est versée dans une éprouvette graduée de 400^{cc}, munie d'un bouchon, et mélangée avec de l'eau jusqu'à former 400^{cc} de solution. On en prend 200^{cc} (correspondant à 1^{gr} d'échantillon); que l'on verse dans un récipient de 300^{cc}; on fait bouillir, on ajoute 20^{cc} d'une solution saturée de chlorure de baryum, on agite et on laisse reposer au moins douze heures, de préférence dans un endroit chaud. On filtre ensuite pour séparer le sulfate de baryum précipité (BaS^{4}O), que l'on dose comme nous l'avons indiqué au Chapitre II, § 12. Le poids de sulfate de baryum, multiplié par 0,412 et par 100, donne la proportion pour 100 de SO^4 contenu dans les cendres.

Dosage de l'oxyde de fer, de l'alumine et de l'acide phosphorique.

4. Les 200^{cc} de la liqueur qui restent dans l'éprouvette graduée sont versés dans un récipient de 400^{cc}; on y ajoute 5^{cc} d'une solution saturée de chlorure d'ammonium (AzH^{4}Cl), et l'on y verse une solution d'ammoniaque au vingtième (densité : 0,880), jusqu'à ce que la liqueur présente une réaction fortement alcaline. L'oxyde de fer

et l'alumine sont alors précipités à l'état d'hy-
drates et de phosphates. On fait alors bouillir
doucement la liqueur, jusqu'à disparition presque
complète de l'odeur ammoniacale; on la filtre
ensuite sur un filtre de dimension convenable,
et l'on détache avec une plume et à l'aide d'un jet
d'eau les portions de précipité qui adhèrent aux
parois du récipient. Le précipité est lavé à l'eau
bouillante jusqu'à ce que l'eau de lavage introduite
dans un tube à essais, et acidifiée par de l'acide
azotique, ne présente aucune opalescence quand
on y verse quelques gouttes d'azotate d'argent.
On met de côté la liqueur, qui contient la chaux
et la magnésie à l'état de chlorures; on enlève le
filtre et on l'étend sur un verre de montre, on le
sèche à l'étuve, on fait passer le précipité dans
un creuset taré, on brûle le filtre à part, on réunit
ses cendres au précipité, et l'on calcine avec soin
au rouge vif; on laisse ensuite refroidir dans un
dessiccateur et l'on pèse. L'augmentation de poids
du creuset diminuée du poids des cendres, représente l'oxyde de fer (Fe^2O^3), l'alumine (Al^2O^3) et
l'acide phosphorique (P^2O^5). Il reste à déterminer
la proportion d'oxyde de fer, dosage qui se fait le
mieux volumétriquement; connaissant la proportion d'acide phosphorique, déterminée sur une
autre portion de l'échantillon (*voir* au § 10), on
obtient par différence la quantité d'alumine contenue dans les cendres. Une méthode directe pour

R.   7

lé dosage de l'alumine en présence de l'oxyde de fer consiste à dissoudre l'alumine dans une solution concentrée de potasse, à aciduler la liqueur filtrée par de l'acide chlorhydrique, et à précipiter l'alumine par de l'ammoniaque. Mais l'Auteur a obtenu des résultats plutôt meilleurs par la méthode indirecte.

Dosage volumétrique de l'oxyde de fer.

5. On dissout le précipité d'oxyde de fer, d'alumine et d'acide phosphorique, resté sur le filtre, avec environ 10^{cc} d'acide chlorhydrique concentré, et l'on recueille la solution dans une petite capsule de porcelaine; on lave le filtre à l'eau pour le débarrasser complètement du fer; on évapore la liqueur presque à sec au bain-marie, pour chasser l'excès d'acide chlorhydrique. On fait passer la solution dans un ballon d'environ 500^{cc} de capacité fermé par un bouchon de caoutchouc traversé par un tube muni d'un robinet Bunsen. On étend la liqueur à 200^{cc}, et l'on ajoute 10^{cc} d'une solution de sulfite de sodium (Na^2SO^3) à 25 pour 100, et 1^{cc} d'acide chlorhydrique au dixième. Le ballon étant muni du bouchon et du tube, on fait bouillir la liqueur jusqu'à disparition des vapeurs sulfureuses, ce qui demande environ un quart d'heure. On ferme vivement le robinet, et l'on place le ballon dans de l'eau froide pour le refroidir. Le

perchlorure de fer (Fe^2Cl^6) se trouve alors réduit à l'état de protochlorure ($FeCl^2$), d'après la formule suivante :

$$Fe^2Cl^6 + H^2O + Na^2SO^3 = 2FeCl^2 + Na^2SO^4 + 2HCl.$$

6. Il reste maintenant à déterminer la quantité d'un agent d'oxydation nécessaire pour faire repasser le chlorure ferreux à l'état de chlorure ferrique. L'agent d'oxydation le plus commode est le bichromate de potassium ($K^2Cr^2o^7$) [1]. La solution refroidie est versée dans un récipient d'environ 500cc de capacité ; on vérifie si la réduction du sel de fer est bien complète, en mettant une goutte de la solution, au bout d'une baguette de verre, en contact avec une goutte d'une solution de sulfocyanure de potassium ($KCAzS$), sur une plaque de porcelaine ; s'il y a dans la liqueur la moindre trace de sel ferrique, il se produit une coloration rouge. Si l'on n'observe aucune coloration, ou du moins qu'une coloration à peine perceptible, on ajoute 10cc d'acide chlorhydrique de densité 1,16. On remplit une burette graduée en dixièmes de centimètre cube avec une solution *type* décinormale de bichromate de potassium ($K^2Cr^2O^7$), préparée en dissolvant 4gr,917 de bichro-

---

[1] On emploie très souvent aussi le permanganate do potassium, et la fin de l'oxydation est marquée par la persistance de la coloration du permanganate.   J. R.

mate pur et sec, cristallisé deux fois, dans 500^{cc} environ d'eau distillée, et en étendant à 1000^{cc} à $15°,5C.$

On verse la solution décinormale de bichromate dans la liqueur contenant le sel ferreux, à raison de $\frac{1}{10}$ de centimètre cube environ par seconde, en agitant constamment. On prend de temps en temps une goutte de liqueur au bout d'une baguette de verre, et on la met en contact avec une goutte d'une solution étendue (au centième environ) de ferricyanure de potassium; il se produit une coloration bleue plus ou moins foncée, tant qu'il reste du sel ferreux dans la liqueur. Quand il ne se produit plus de coloration bleue ou verte avec le ferricyanure, après avoir laissé reposer la liqueur pendant cinq minutes, la réaction peut être considérée comme terminée. On note le nombre de centimètres cubes de solution de bichromate qui ont été employés. La formule de la réaction est celle-ci :

$$6\,FeCl^2 + 14\,HCl + K^2Cr^2O^7$$
$$= 3\,Fe^2Cl^6 + Cr^2Cl^6 + 2\,KCl + 7\,H^2O$$

Chaque centimètre cube de la solution décinormale de bichromate correspond à $0^{gr},0056$ de fer ou à $0^{gr},008$ d'oxyde ferrique (Fe^2O^3). Le nombre de centimètres cubes de solution nécessaire exactement pour l'oxydation, multiplié par $0^{gr},008$ et par 100, donne donc la proportion pour 100 d'oxyde ferrique contenu dans les cendres.

7. La quantité d'*alumine* contenue dans le précipité obtenu précédemment peut être obtenue par différence, en ajoutant l'oxyde ferrique (Fe^2O^3), dosé comme nous venons de l'indiquer, et l'acide phosphorique (P^2O^5) dosé sur une autre portion d'échantillon, et en retranchant de cette somme le poids d'alumine, d'oxyde ferrique et d'acide phosphorique trouvé précédemment; la différence multipliée par 100 donne la proportion pour 100 d'alumine contenue dans les cendres.

Dosage de la chaux et de la magnésie.

8. La liqueur filtrée, contenant la chaux et la magnésie, que l'on a mise de côté dans le dosage de l'oxyde de fer, de l'alumine et de l'acide phosphorique (§ 4), est additionnée de 10^{cc} d'ammoniaque au $\frac{1}{10}$, et de 10^{cc} d'une solution saturée d'oxalate d'ammonium; on porte à l'ébullition, et on laisse reposer plusieurs heures. On filtre pour séparer l'oxalate de calcium et on lave à l'eau pour entraîner complètement les chlorures. La liqueur est ensuite évaporée au bain-marie dans une capsule de platine. On sèche le filtre et le précipité à l'étuve, et on les place ensuite dans un creuset taré; on calcine soigneusement au

rouge vif dans un moufle, pendant environ un quart d'heure. L'oxalate de calcium (CaC_2O_4) passe à l'état de chaux vive (CaO); on laisse refroidir dans un dessiccateur et l'on pèse. L'augmentation de poids du creuset, diminuée du poids des cendres du filtre et multipliée par 100, donne la proportion pour 100 de chaux contenue dans les cendres.

9. Une fois la solution placée dans la capsule de platine évaporée à sec au bain-marie, on chauffe avec précaution sur la flamme d'un bec Bunsen, jusqu'à disparition complète des sels ammoniacaux. On laisse ensuite refroidir la capsule, et l'on humecte le résidu avec environ 2^{cc} d'acide chlorhydrique étendu de deux fois son volume d'eau; on ajoute à peu près 50^{cc} d'eau distillée, et l'on chauffe la capsule jusqu'à dissolution complète. La solution est versée dans un récipient d'une centaine de centimètres cubes de capacité, et l'on y ajoute 20^{cc} d'ammoniaque au $\frac{1}{10}$, avec 15^{cc} d'une solution saturée de phosphate disodique ($NaHPO_4$); on remue vivement, et on laisse reposer pendant vingt-quatre heures. On filtre ensuite pour séparer le phosphate ammoniaco-magnésien, en détachant avec une plume et avec la liqueur elle-même les portions de précipité qui adhèrent aux parois du vase. On lave le précipité avec de l'ammoniaque

étendue de deux fois son volume d'eau, jusqu'à disparition complète des chlorures, et l'on mesure le volume de la liqueur filtrée. Le précipité est en effet soluble à raison de 1^{mgr} dans 50^{cc}, et il faudra tenir compte de la proportion restée dissoute dans la liqueur. On étend le filtre et son contenu sur un verre de montre, on les sèche à l'étuve, on détache le précipité que l'on introduit dans un creuset taré, on brûle le filtre séparément, et l'on réunit ses cendres au précipité. On chauffe progressivement le précipité dans un moufle jusqu'au rouge vif, pendant environ un quart d'heure, puis on le laisse refroidir dans un dessiccateur, et l'on pèse le pyrophosphate de magnésium ($Mg^2P^2O^7$) qui s'est produit. Le poids de ce pyrophosphate, corrigé en tenant compte de la dissolution partielle du précipité, multiplié par $0,3604$ et par 100, donne la proportion pour 100 de magnésie (MgO) contenue dans les cendres.

Dosage de l'acide phosphorique.

10. On pèse $0^{gr},5$ de cendres dans une capsule de porcelaine de 50^{cc}, on attaque par 20^{cc} d'eau régale (10^{cc} d'acide chlorhydrique au $\frac{1}{10}$ et 10^{cc} d'acide azotique au $\frac{1}{6}$), et l'on fait bouillir doucement, en couvrant la capsule, jusqu'à dissolution de toutes les substances solubles. La liqueur est évaporée à sec, et le résidu est

chauffé au bain de sable à 130°C. pour rendre la silice insoluble. On laisse refroidir, on ajoute 10^{cc} d'acide chlorhydrique concentré, et l'on fait bouillir jusqu'à dissolution complète de toutes les substances solubles; on ajoute 20^{cc} d'eau, on filtre pour séparer la silice et les autres matières insolubles, et on lave jusqu'à ce qu'on ne reconnaisse plus la présence du fer dans les eaux de lavage. La liqueur filtrée est additionnée de 10^{cc} d'acide azotique au $\frac{1}{6}$, et évaporée presque à sec au bain-marie; on dissout le résidu dans 6^{cc} d'acide azotique au $\frac{1}{6}$ et 4^{cc} d'eau, on étend à 15^{cc}, et l'on ajoute 30^{cc} de nitromolybdate d'ammonium (¹). On laisse reposer pendant trois heures à 40°C., en remuant de temps en temps. On filtre ensuite, et on lave le précipité d'abord avec une solution à 3 pour 100 d'acide azotique jusqu'à ce que les eaux de lavage ne présentent plus trace de fer, puis avec de l'eau pure pour enlever l'acide. On vérifie si la précipitation est complète en ajoutant à la liqueur filtrée 10^{cc} de nitromolybdate, et en laissant reposer à nouveau à 40°C.; s'il se forme encore un précipité, on filtre la

---

(¹) Ce réactif se prépare en dissolvant 55^{gr},5 d'acide molybdique (MoO³) dans un mélange de 94^{cc} d'ammoniaque de densité 0,880, et de 150^{cc} d'eau, et en filtrant sur 694^{cc} d'acide azotique de densité 1,2; on étend à 100^{cc} avec une solution à 12 pour 100 d'acide azotique, on laisse reposer pendant douze heures à la température de 50°C., on filtre et l'on verse dans un flacon muni d'un bouchon.

liqueur une seconde fois. On étend le filtre sur un verre de montre, et on le fait sécher à l'étuve; on détache le précipité jaune de phosphomolybdate d'ammonium, que l'on introduit dans un creuset taré, et l'on fait sécher à 100°C. jusqu'à ce que le poids du creuset ne varie plus. Le précipité ainsi séché à 100°C. contient 3,733 pour 100 de P^2O^5; de sorte qu'en multipliant le poids trouvé par 0,0373, par 2 et par 100, on obtient la proportion pour 100 de P^2O^5 contenue dans les cendres.

Dosage de la potasse et de la soude.

11. On pèse 2^{gr} d'échantillon dans un récipient de 100^{cc}, on ajoute 10^{cc} d'acide chlorhydrique au $\frac{1}{10}$, et l'on fait bouillir jusqu'à dissolution complète des substances solubles. On évapore à sec, et l'on chauffe le résidu au bain de sable à 130°C. pendant quelque temps; on laisse refroidir, on ajoute 10^{cc} d'acide chlorhydrique au $\frac{1}{10}$, on fait bouillir, on étend à 80^{cc}, on filtre, on lave la silice et les autres substances non dissoutes, jusqu'à ce que les eaux de lavage ne présentent plus trace de fer. On précipite l'oxyde de fer, l'alumine et la chaux, par les méthodes précédentes; la liqueur, après séparation de la chaux, est évaporée à sec dans une capsule de platine, et le résidu est chauffé avec précaution jusqu'à ce qu'il ne se dégage plus de fumées ammoniacales.

On laisse refroidir, on dissout le résidu dans 10^{cc} d'eau, on ajoute $1^{gr},5$ d'acide oxalique, on évapore à sec comme précédemment, et l'on calcine. Les alcalis passent à l'état de carbonates, et le chlorure de magnésium se transforme en magnésie (MgO). On reprend le résidu par 20^{cc} d'eau chaude, on filtre, on lave à l'eau chaude; la liqueur est versée dans une capsule de platine tarée, acidulée par de l'acide chlorhydrique, évaporée à sec en évitant les pertes, et le résidu est chauffé avec précaution au rouge sombre pendant dix minutes. On refroidit ensuite dans un dessiccateur, et l'on pèse le chlorure de sodium et le chlorure de potassium $(NaCl + KCl)$. On ajoute au résidu 10^{cc} d'eau, puis on verse une quantité suffisante de chlorure platinique $(PtCl^4)$ pour transformer les chlorures de sodium et de potassium en chlorures doubles de platine et de sodium et de platine et de potassium. En supposant le résidu formé seulement de chlorure de sodium, on peut calculer la quantité de chlorure de platine nécessaire; ainsi pour 117 parties de NaCl il faut 336,38 parties de $PtCl^4$, pour former $PtCl^4,2NaCl$. Le mélange est évaporé au bain-marie, à une température d'environ 90°C., presque jusqu'à sec, puis on ajoute environ 15^{cc} d'alcool de densité 0,86; on couvre la capsule avec une plaque de verre, et on laisse reposer pendant trois heures, en agitant de temps en temps. On laisse reposer avant de filtrer, on décante le liquide clair sur un filtre taré, et l'on filtre pour séparer le chlorure double de platine et de potassium, en s'aidant d'une barbe de plume et de la liqueur elle-même. On lave à l'alcool pour entraîner complètement le chlorure double de platine et de sodium; on sèche à 130°C.; on laisse refroidir entre deux verres de montre tarés, et l'on pèse. On calcule les proportions de Na^2O et de K^2O contenues dans les cendres de la façon suivante :

$$Pt\,Cl^4, 2\,KCl \times 0,3070 = KCl.$$
$$KCl \times 0,6317 \times 50 = \text{proportion pour 100 de } K^2O$$
$$\text{dans les cendres.}$$

On retranche le poids de KCl ainsi calculé du poids trouvé pour $NaCl + KCl$; la différence, multipliée par 0,5302 et par 50, donne la proportion pour 100 de Na^2O contenue dans les cendres.

Dosage de l'acide carbonique.

12. L'acide carbonique n'existe pas toujours dans les cendres des combustibles. Quant elles en contiennent, il se trouve combiné à la potasse et à la soude, et dans certains cas, lorsque la chaleur du foyer n'a pas été très élevée, il est combiné à la chaux et à la magnésie. La méthode la plus précise pour le dosage de l'acide carbonique consiste à décomposer les carbonates con-

tenus dans les cendres au moyen del'acide chlorhydrique, et à peser l'acide carbonique qui se
dégage, en l'absorbant par de la soude, de la
chaux, ou de la soude caustique. La *fig.* 15
montre l'appareil employé pour cette méthode,

Fig. 15.

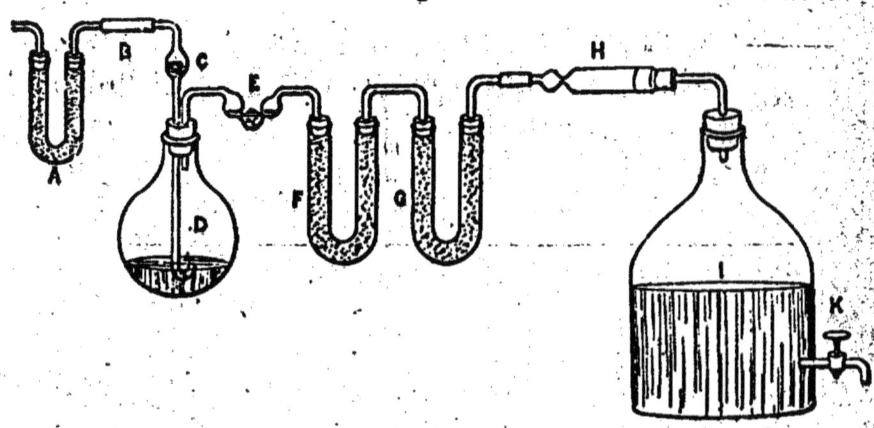

qui se pratique de la façon suivante : on pèse
5^{gr} d'échantillon dans le ballon D, et l'on monte
l'appareil comme l'indique la figure. A est un
tube en U contenant des fragments de soude
caustique, destinés à absorber l'acide carbonique
contenu dans l'air qui traverse l'appareil, sous
l'action de l'aspirateur I. C est un tube à boule
contenant environ 50^{cc} d'acide chlorhydrique
étendu (à 80 pour 100 d'acide concentré); une
pince fixée en B empêche cet acide de couler.
E est un laveur à boules contenant un peu d'acide
sulfurique concentré, servant à absorber la

vapeur d'eau venant de D. F est un tube en U dont la première branche contient des fragments de pierre ponce que l'on a imbibés d'une solution concentrée de sulfate de cuivre, puis séchés et calcinés ; ils servent à absorber l'acide chlorhydrique qui pourrait être entraîné par le courant gazeux ; la seconde branche du tube en U contient des fragments de chlorure de calcium anhydre. G est un tube en U contenant dans les trois premiers quarts de petits fragments de potasse caustique, et dans le dernier quart des fragments de chlorure de calcium anhydre. Ce dernier tube absorbe l'acide carbonique dégagé par l'échantillon ; on le pèse avant et après l'expérience. H est un tube contenant des fragments de chlorure de calcium, destinés à empêcher l'humidité de l'air contenu dans l'aspirateur I d'arriver jusque dans le tube G. L'aspirateur est rempli d'eau presque complètement. L'appareil étant bien monté, et le tube G ayant été pesé avec soin, on ouvre la pince B et l'on fait tomber l'acide sur les cendres contenues dans le ballon. On ouvre ensuite le robinet K, et l'on fait couler un mince filet d'eau, ce qui a pour effet de faire passer à travers l'appareil un courant d'air qui entraîne l'acide carbonique dégagé dans le ballon ; cet acide carbonique est absorbé dans le tube G. On continue l'aspiration jusqu'à ce que l'on n'observe aucune effervescence, puis on chauffe doucement le ballon D. On continue à chauffer jusqu'à commencement d'ébullition, pour bien s'assurer que tout l'acide carbonique s'est dégagé, puis on enlève le tube G et on le pèse. L'augmentation de poids de ce tube, multipliée par 100 et divisée par 5, donne la proportion pour 100 d'acide carbonique contenue dans les cendres.

CHAPITRE VII.

TABLEAUX DE RÉSULTATS PRATIQUES ET D'ANALYSES.

1. Tableau comparatif des consommations de houille sur les locomotives compound et ordinaires, du *Great Eastern Railway*.

RÉSULTATS D'EXPÉRIENCES DE TROIS MOIS À PARTIR DU 21 MAI 1886.

NOMBRES et genres de machines.	Durée : 4 semaines à partir du :	DISTANCES parcourues		CONSOMMATION de houille.	
		par le train.	par la machine.	par train et par km.	par machine et par km.
		km.	km.	kg.	kg.
11 machines compoun d.	26 mars	58 770,6	60 848,7	13,7	13,2
11 » »	23 avril	56 105,7	57 730,9	13,0	12,7
11 » »	21 mai	61 369,6	62 955,4	13,2	12,9
Sommes et moyennes....		176 245,7	181 535,0	13,30	12,93
6 machines ordinaires.	26 mars	29 062,1	31 162,4	15,6	15,0
7 » »	23 avril	38 255,2	39 223,2	15,3	15,0
7 » »	21 mai	35 903,8	36 931,0	15,1	14,7
Sommes et moyennes....		104 120,3	107 316,6	15,33	14,90
Économie moyenne par machine compound.				2,03	1,97

2. Tableau comparatif des quantités de houille consommées et des quantités d'eau évaporées par une locomotive compound et par une locomotive ordinaire, remorquant des trains de voyageurs entre Londres et Norwich sur le *Great Eastern Railway*.

OCTOBRE 1886.		COMPOUND n° 704.	ORDINAIRE n° 565.
Consommation de houille	totale..	1260^{kg}	1560^{kg}
	par km.	6^{kg},7	8^{kg},3
Eau évaporée	totale............	9992^{lit}	12 981^{lit}
	par kil. de houille.	7^{lit},9	8^{lit},2
Eau d'alimentation moyenne pour 5 minutes.......................		512^{lit}	575^{lit}
Température de l'eau d'alimentation......................		17°,8 C.	18°,3 C.
Pression moyenne de la vapeur par centimètre carré,..........		10^{kg}	8^{kg},3
Charge de Londres à Ipswich....		14 voit^{ures}.	15 voit^{ures}.
Charge d'Ipswich à Norwich.....		6 voit^{ures}.	7 voit^{ures}.

La machine compound vaporisait bien, le temps étant très favorable.

La machine ordinaire vaporisait modérément, le temps étant plutôt défavorable.

3. Composition moyenne de plusieurs houilles de diverses provenances :

EXPÉRIENCES DE M. PHILLIPS SUR LES HOUILLES DE L'AMIRAUTÉ.

PROVENANCES.	Poids spécifique.	Carbone.	Hydrogène.	Azote.	Soufre.	Oxygène.	Cendres.	Coke.
Pays de Galles, 36 échantillons......	1,315	83,78	4,79	0,98	1,43	4,15	4,91	72,60
Newcastle, 18 échantillons....	1,256	82,12	5,31	1,35	1,24	5,69	3,77	60,67
Lancashire, 28 »	1,273	77,90	5,32	1,30	1,44	9,53	4,88	60,22
Écosse, 8 »	1,259	78,53	5,61	1,00	1,11	9,69	4,03	54,22
Derbyshire, 7 »	1,292	79,38	4,94	1,41	1,01	10,28	2,65	59,32

4. Composition de divers anthracites.

PROVENANCES.	Poids spécifique.	Carbone.	Hydrogène.	Oxygène, Azote, Soufre.	Cendres.	OBSERVATEURS.
Pennsylvanie..	1,462	89,21	2,43	3,69	4,67	
Swansea	1,348	91,29	2,33	4,80	1,58	
Mayenne......	1,343	90,20	4,18	3,37	2,25	REGNAULT.
Roldue (Aix-la-Chapelle)....	1,367	90,72	3,92	4,42	0,94	
Swansea	1,270	90,58	3,60	4,10	1,72	
Sablé..........	1,750	87,22	2,49	3,39	6,90	
Vizille.........	1,730	94,09	1,85	2,85	1,90	JACQUELIN.
Isère	1,650	94,00	1,49	3,58	4,00	

5. Analyses, faites par l'Auteur, de trois échantillons de houille anthracitique pour chaudières, provenant du Tonkin.

	HATOU.	NAGOTNA.	KAMPA.
Carbone...............	88,075	90,575	90,605
Hydrogène...........	4,250	3,459	3,256
Oxygène	3,558	2,367	2,585
Azote	1,126	1,010	0,706
Soufre	0,487	2,465	0,350
Cendres.............	2,504	2,134	2,498
	100,000	100,000	100,000

6. **Analyses, faites par l'Auteur, de la houille pour chaudières du Monmouthshire** (*Ebbw Vale Steel, Iron and Coal C°, Limited*).

	Threr-quarter vein.	Elled seam.	Old coal.	Big vein.
Carbone....................	89,055	88,057	87,350	86,956
Hydrogène...............	4,750	4,652	4,625	4,600
Oxygène..................	2,014	3,407	3,200	2,874
Azote.....................	1,550	1,055	1,215	1,450
Soufre....................	0,875	0,755	0,795	0,815
Cendres..................	1,750	2,074	2,815	3,305
	100,000	100,000	100,000	100,000
Humidité................	0,625	0,558	0,560	0,645
Coke.....................	80,050	79,045	81,032	77,050
Matières volatiles (gaz, goudron, etc.).........	19,950	20,595	18,968	22,950
Carbone fixe............	78,300	77,331	78,217	73,745
Carbone des matières volatiles...............	10,755	10,726	9,133	13,211
Hydrogène disponible.	4,498	4,226	4,225	4,242
Poids spécifique......	1,295	1,310	1,308	1,315
Volume occupé par une tonne de houille, calculé d'après le poids spécifique.............	775^{lit}	755^{lit}	760^{lit}	750^{lit}

	Three-quarter vein.	Elled seam.	Old coal.	Big vein.
Pouvoirs calorifiques:				
Pouvoir calorifique théorique (kilogrammes d'eau élevés de 1° C. par 1ᵏ de houille)..............	8745	8575	8514	8487
Pouvoir calorifique en unités anglaises (livres d'eau élevées de 1° Fahrenheit par 1ˡⁱᵛ de houille)......	15741	15435	15325	15276
Puissance d'évaporation (kilogrammes d'eau évaporés à partir de 100° C. par 1ᵏ de houille).........	16,28	15,98	15,85	15,80
Évaporation réelle dans la chaudière..........	11,00	10,55	10,55	10,31

7. Tableau montrant la définition de l'hydrogène et de l'oxygène dans les combustibles, depuis le bois jusqu'à l'anthracite.

(Professeur JOHNSON.)

	CARBONE.	HYDROGÈNE.	OXYGÈNE.	HYDROGÈNE disponible.
Bois (moyenne).........	100	12,18	83,07	1,80
Tourbe (moyenne).......	100	9,85	55,67	2,89
Lignite (moyenne de 15 variétés).............	100	8,37	42,42	3,07
Houille (South Stafford-shire)................	100	6,12	21,23	3,47
Houille pour chaudières (Newcastle)..........	100	5,91	18,32	3,62
Portrefelin coal (South Wales)..............	100	4,75	5,28	4,09
Anthracite de Pennsyl-vanie.................	100	2,84	1,74	2,63

8. Analyses de plusieurs combustibles industriels.
(Laboratoire de l'Amirauté.)

MARQUES.	POIDS SPÉCIFIQUE.	CARBONE.	HYDROGÈNE.	AZOTE.	SOUFRE.	OXIGÈNE.	CENDRES.	COKE.
Warlich	1,15	90,02	5,56	traces	1,62	»	2,91	85,1
Livingstone	1,184	86,07	4,13	1,80	1,45	2,03	4,52	»
Livon	1,13	86,36	4,56	1,06	1,29	2,07	4,66	»
Wylam	1,10	79,91	5,69	1,68	1,25	6,63	1,84	65,8
Bell	1,14	87,88	5,22	0,81	0,71	0,42	4,96	71,7
Holland et Green	1,302	70,14	4,65	1,15	»	»	13,73	»

9. Valeur moyenne de plusieurs houilles de différentes provenances.

PROVENANCES.	Kilogrammes d'eau évaporés, à partir de 100°C. par 1ᵏ de houille.	Nombre de kilogrammes évaporés par heure.	Poids en kg de 1 m³ de houille telle qu'elle est employée.	Volume en m³ occupé par 1 tonne.	Résultats d'expériences sur la cohésion (proportion pour 100 des gros morceaux).	Proportion pour 100 de soufre dans la houille.
Pays de Galles, moyenne de 37 échantillons	9,05	204	850	1,180	60,9	1,42
Newcastle, moyenne de 17 échantillons	8,37	187	800	1,250	67,5	0,04
Lancashire, moyenne de 28 échantillons	7,94	203	800	1,250	73,5	1,42
Écosse, moyenne de 8 échantillons	7,70	106	802	1,245	73,4	1,45
Derbyshire, moyenne de 8 échantillons	7,58	197	755	1,320	80,9	1,01

10. **Comparaison de diverses houilles pour chaudières du pays de Galles, au point de vue du pouvoir d'évaporation.**

(EXPÉRIENCES DE L'ARSENAL DE PORTSMOUTH.)

	KILOGRAMMES d'eau évaporés par 1^{kg} de houille.	PROPORTION pour 100 de mâchefer et de cendres.
Nixon's Navigation...............	10,05	5,37
Wayne's Merthyr..................	10,05	5,37
Thomas »	9,79	5,47
Nauhudyn »	9,62	5,48
Ynsfaio...........................	9,52	6,76
Merthyr Dare.....................	9,45	5,48
Resolven Merthyr.................	9,41	6,04
Insoles...........................	9,37	6,52
Moyennes.....	9,65	5,81

11. Analyses des cendres de sept variétés de houilles grasses.

(PHILLIPS, *Laboratoire de l'Amirauté.*)

	PAYS DE GALLES.					ÉCOSSE.	
	Pontypool.	Redwas.	Porthmawr.	Ebbw Vale.	Coleahill.	Splint.	Wallsend Elgin.
Silice	40,00	26,87	34,21	53,00	59,27	37,60	61,66
Alumine et oxyde de fer	44,78	56,95	52,00	35,01	29,09	52,00	24,42
Chaux	12,00	5,10	6,199	3,94	6,02	3,73	2,62
Magnésie	traces	1,19	0,659	2,20	1,35	1,10	1,73
Acide sulfurique	2,22	7,23	4,13	4,89	3,84	4,14	8,38
Acide phosphorique	0,75	0,74	0,633	0,88	0,40	0,88	1,18
Total	99,75	98,08	97,821	99,92	99,97	99,45	99,99
Proportion pour 100 de cendres dans la houille	5,52	6,94	2,91	14,72	10,70	1,50	4,00
Proportion pour 100 de coke dans la houille	64,8	71,7	63,1	77,5	»	52,03	58,45

12. Analyses des cendres de cokes de diverses provenances.

	IRON BRIDGE.	DUDLEY.	MERTHYR TYDVIL.
Sulfate de chaux........	12,55	8,64	4,54
Silice..................	42,10	35,40	41,60
Alumine...............	34,40	30,40	35,44
Carbonate de chaux.....	4,80	6,48	6,46
Carbonate de magnésie.	0,40	»	1,08
Oxyde de fer...........	5,28	18,68	10,80
Oxyde de manganèse ...	traces.	»	»

13. Poids spécifique et proportion de cendres de divers charbons.

	Poids spécifique.	Proportion pour cent de cendres.	OBSERVATEURS.
Liverpool...............	1,260	4,62	Johnson.
Fours d'Alfreton.......	1,235	2,04	D. Musket.
Wigan (cannel coal)..	1,272	3,10	Kerwan.
Boghead...............	1,160	21,2	Dr Penny.
Stevenston Ayrshire..	1,385	19,3	Id.
Ayrshire (anthracite).	1,453	3,6	Id.
Aberaman Merthyr....	1,305	1,45	J.-A. Phillips.
Pontypool.............	1,320	5,52	Id.
Abercarn	1,334	2,04	Id.
Walsend Elgin........	1,200	10,70	Id.
Stavely...............	1,270	2,4	Id.
Neath Abbey..........	1,310	3,55	Id.
Ebbw Vale............	1,274	3,70	H.-J. Phillips.
Blaina................	1,320	6,80	Id.
Warncliffe Woodmoor	1,294	7,1	Id.
Shelton...............	1,285	4,2	Id.
Elsegar...............	1,300	3,4	Id.
Nixon's Merthyr.......	1,305	1,25	Id.

14. Pouvoir d'évaporation de houilles d'Écosse et du Pays de Galles.

RÉSULTATS D'EXPÉRIENCES FAITES SUR LA CHAUDIÈRE MARINE SERVANT AUX ESSAIS DES COMBUSTIBLES, A L'USINE A VAPEUR DE KEYHAM.

VARIÉTÉS DE HOUILLE.	Surface de la grille.	Consommation de houille par heure.	Consommation de houille par mètre carré de grille et par heure.	Consommation d'eau à 100° C. par heure.	Consommation d'eau par mètre carré de grille et par heure.	Eau évaporée à partir de 100° C. par kilogramme de houille.
	m²	kg	kg	lit.	lit.	kg
Première Série.						
Foyer avec portes ordinaires :						
Pays de Galles :						
Wayne's Merthyr...						
Resolven						
Merthyr Dare........	1,26	98	78	910	720	10,42
Gellia..............						
Cadoxton						
Hartley Main, Newcastle	1,26	118	93,5	965	765	9,22
¼ Galles, ¾ Hartley.....	1,26	97,5	77,5	850	675	9,81
2 » 1 »	1,26	89,5	71	805	640	10,12
1 » 2 »	1,26	99,5	79	860	680	9,72
Foyer avec portes perforées :						
Hartley Main...........	1,26	104	82,5	845	670	9,10

VARIÉTÉS DE HOUILLE.	Surface de la grille.	Consommation de houille par heure.	Consommation de houille par mètre carré de grille et par heure.	Consommation d'eau à 100°C. par heure.	Consommation d'eau par mètre carré de grille et par heure.	Eau évaporée à partir de 100°C. par kilogramme de houille.
	m²	kg	kg	lit.	lit.	kg
Deuxième Série.						
Foyer avec portes ordinaires :						
Pays de Galles :						
Powell's Duffryn.....						
Nixon's Navigation.. }	1,26	106	84	1040	825	11,05
Davis's Merthyr......						
Newcastle :						
Davidsons's Hartley.	1,26	110	92	965	765	9,39
Hasting's Hartley....	1,26	103	82	980	760	10,56
½ Galles, ½ Hartley.....	1,26	124	93,5	960	760	10,61
Galles.................	1,26	111,5	88	1100	870	11,16
Troisième Série.						
Foyer avec portes perforées :						
Houille du Pays de Galles.................	1,26	95	75	915	725	10,86
Hartleys...............	1,26	108	86	920	730	9,61
½ Galles, ½ Hartleys....	1,26	111	88	1040	823	10,54
2 » 1 »	1,26	106	84	1000	790	10,64
1 » 2 »	1,26	111	88	1010	800	10,39

VARIÉTÉS DE HOUILLE.	Surface de la grille.	Consommation de houille par heure.	Consommation de houille par mètre carré de grille et par heure.	Consommation d'eau à 100° C. par heure.	Consommation d'eau par mètre carré de grille et par heure.	Eau évaporée à partir de 100° C. par kilogramme de houille.
	m²	kg	kg	lit.	lit.	kg
Davidson's Hartley....	1,26	146	116	1200	950	9,31
¼ Hartley, ¼ Galles.....	1,26	117	93	870	690	10,80
Quatrième Série.						
GRILLE PLUS PETITE.						
Foyer avec portes ordinaires :						
Houille du Pays de Galles................	0,95	107	113	1075	1130	11,31
¼ Galles menu, ¼ Davidson's Hartley.	0,95	102	108	1010	1060	11,06
¼ Galles noisette, ¼ Hasting's Hartley........	0,95	109	115	1025	1080	10,65
Cinquième Série.						
Foyer avec portes perforées :						
Hartleys................	0,95	116	122	1180	1240	11,42
¼ Galles, ¼ Davidson's Hartley................	0,95	107	112,5	1100	1160	11,65

TABLEAUX DE RÉSULTATS PRATIQUES.

Répartition de la chaleur de combustion d'une houille brûlée sous des chaudières à vapeur et composition des produits de la combustion.

15. Les chiffres ci-dessous sont les résultats d'expériences faites à Thann, en 1868, par MM. Scheurer-Kestner et Meunier, sur une chaudière française (*voir le* Bulletin de la Société industrielle de Mulhouse).

	m^2
Surface active des réchauffeurs.	27,00
» » de la chaudière..	11,60
» » totale de la chaudière....................	38,60
Surface active des réchauffeurs d'eau d'alimentation..........	68,50
Total........	107,10

	m^2
Surface de chauffe exposée directement au feu................	2,90
Surface de la grille...........	1,74
Surface des vides compris entre les barreaux de la grille.....	0,50
Rapport de la surface de la grille à la surface totale de la chaudière....................	$\frac{1}{22,3}$
Rapport de la surface de la grille à la surface totale de la chaudière et des réchauffeurs d'eau d'alimentation...............	$\frac{1}{44}$

Voici la composition moyenne de la houille de

Ronchamp employée dans les expériences faites pour analyser les gaz de la cheminée :

Carbone...............................	70
Hydrogène.............................	4
Oxygène...............................	4
Azote.................................	1
Cendres...............................	21
Total.......	100

16. Analyse des produits de la combustion de la houille de Ronchamp, brûlée sous une chaudière française à Thann.

NOMBRE D'EXPÉRIENCES.	CONSOMMATION DE HOUILLE par m² de grille et par heure.	POIDS DE CHAQUE CHARGE.	INTERVALLES DES CHARGES.	COMPOSITION DES GAZ.						AIR TOTAL PAR KILOGR. de houille.
				Acide carbonique.	Oxyde de carbone.	Gaz carburés.	Hydrogène.	Azote.	Air en excès.	
	kg	kg	min.	pour 100.	pour 100.	pour 100.	pour 100.	pour 100.	pour 100.	m²
12	41,5	7	5	14,9	0,84	1,15	1,35	75,1	6,7	6,800
11	48,5	14	8	14,2	0,97	1,11	1,11	72,5	10,5	7,100
9	48,5	7	4	14,6	0,86	0,56	0,56	70,1	13,3	8,300
14	41,5	14	10	13,4	0,24	1,41	1,41	63,7	20,9	8,950
13	41,5	7	5	13,3	»	0,91	0,91	67,7	17,6	9,100
8	23,7	7	8	12,9	»	0,96	0,96	59,7	26,2	9,700
10	96 »	7	2	10,9	»	0,19	0,19	45,9	42,8	12,250
7	17,2	6	10	8,2	»	0,4	0,52	37,4	53,8	16,400

17. **Carbone et hydrogène contenus dans les gaz combustibles s'échappant par la cheminée (mêmes expériences que pour le Tableau précédent).**

NOMBRE d'expériences.	QUANTITÉS RAPPORTÉES A 100 de carbone total.			QUANTITÉS rapportées à 100 d'hydrogène total.	TEMPÉRATURE des gaz à la sortie des réchauffeurs.
	Dans l'oxyde de carbone.	Dans les hydrocarbures.	Total.		
12	4,1	11,4	15,6	19,5	119 »
11	5,0	10,2	15,3	16,7	128 »
9	5,2	5,9	11,2	9,9	126 »
14	1,5	4,1	5,7	26,9	»
13	»	»	6,1	17,5	135 »
8	»	»	3,9	19,7	93 »
10	»	»	3,4	4,7	156 »
7	»	»	0,9	17,7	94 »

Il résulte de ces expériences que la combustion se fait le mieux lorsque les produits gazeux contiennent environ un tiers d'air en excès.

18. Influence d'un excès d'air.

Houille de Friedrichstahl et d'Altenwald.

HOUILLE DE FRIEDRICHSTAHL.		HOUILLE D'ALTENWALD.	
Air en excès.	Kilogrammes d'eau évaporés par kg de houille.	Air en excès.	Kilogrammes d'eau évaporés par kg de houille.
pour 100.		pour 100.	
40	6,80	35	7,06
36	6,46	33	7,28
30	6,38	32	7,02
27	6,19	30	6,79
27	6,23	28	6,85
24	5,68	25	6,71
23	5,80	23	6,66

Distribution de la chaleur de combustion.

19. Dans les expériences suivantes sur la chaleur totale de combustion des houilles, voici quelles étaient les dimensions de la chaudière, de la grille, etc. :

Surface de la grille (longueur
1^m,38, largeur 1^m,34)............ 1^{m2},86

Rapport de la surface de grille à
la surface de chauffe de la chau-
dière............................... $\frac{1}{21}$

Rapport de la surface de grille à
la surface totale de chauffe de
la chaudière et des réchauf-
feurs.............................. $\frac{1}{58}$

<table>
<tr><td></td><td>m³</td></tr>
<tr><td>Capacité totale de la chaudière.</td><td>11,450</td></tr>
<tr><td>»   »   des réchauffeurs.</td><td>8,550</td></tr>
<tr><td>Volume d'eau dans la chaudière.</td><td>9,100</td></tr>
<tr><td>Volume de vapeur dans la chau-
dière......................</td><td>2,350</td></tr>
</table>

Surface de briques chauffée pour
conduire et rayonner la cha-   m²
leur................ ... plus de 116

Diverses sortes de houilles brûlées sous cette
chaudière ont donné les résultats suivants :

VARIÉTÉS DE CHARBONS.	CHALEUR TOTALE de combustion observée.	AIR à 17°C. par kilogramme de houille.	AIR EN EXCÈS.	TEMPÉRATURES			CENDRES.	PRESSION DE LA VAPEUR.	EAU VAPORISÉE À PARTIR de 100° C. par kilogramme de houille.
				de l'air.	du réchauffeur d'alimentation.	des fumées.			
	calories	m²	pour 100	°C.	°C.	°C.	pour 100	atm	kg
Rouchamp n° 3............	7825	9,050	24,7	17	65	132	17,3	4,46	8,77
»　　n° 4............	7775	9,550	29,1	21	71	138	15,8	4,84	9,49
Sarrebrück (moyenne de sept variétés de houille).........	7500	9,450	31,0	20	72	130	14,0	4,72	8,17
Blanzy, Monceau............	7067	8,050	23,9	18	65	160	12,0	4,60	7,89
»　　anthracite............	7125	9,050	30,5	16	64	175	24,4	4,58	8,18
Creusot, anthracite............	8949	16,000	47,6	»	72	144	9,1	4,60	10,53
⅔ Creusot, ⅓ Rouchamp.......	8565	13,700	36,2	11	67	132	13,4	4,71	10,54
⅓ Creusot, ⅔ Rouchamp.......	8630	12,800	34,2	8	62	145	15,9	4,71	9,83
Bois, charbon de bois.........	8080	14,900	42,5	»	»	155	0,5	»	9,2

D'après ces chiffres on a trouvé, pour la distribution de la chaleur de combustion absolue :

Chaleur employée à produire la vapeur (à la pression de 4ᵏˢ,500 environ).................	61,0
Chaleur perdue dans les gaz non brûlés....	5,5
Chaleur perdue dans le mâchefer et les cendres.....	1,5
Chaleur emportée par les gaz de la combustion.................................	5,5
Chaleur perdue dans les particules de charbon constituant la fumée..................	0,5
Chaleur absorbée par l'évaporation de l'eau hygrométrique, et de l'eau formée pendant la combustion............................	2,5
Chaleur perdue dans les briques...........	23,5
Total...........	100,0

20. Résultats obtenus avec l'emploi de combustible liquide, sur le « Great Eastern Railway », par M. James Holden, M. I. C. E.

EXPÉRIENCES FAITES SUR UNE PETITE CHAUDIÈRE
DE CORNOUAILLES.

Emploi de la houille seulement :

Année 1887. Consommation pendant une semaine, du 15 au 20 août inclusivement; 74 heures ½ de marche, y compris l'allumage.............	4100ᵏˢ
Soit par heure....................	55ᵏˢ
Prix pour 100 heures : 5500ᵏˢ de houille à 13ᶠʳ,80 la tonne.........	75ᶠʳ,90

Emploi de la houille, du coke et du goudron
(Système Holden) :

Année 1888. Consommation pendant une se-
maine, du 25 au 30 juin inclusivement;
87 heures½ de marche y compris l'allumage :

	kg			kg
Houille..	765,	soit par heure.		8,7
Coke....	588	»	»	6,7
Goudron.	1400	»	»	16,0
Total..	2753			31,4

Prix pour 100 heures :

			fr
870ks de houille	à 13fr,80 la tonne.	12,00
670ks de coke	à 11fr,50 la tonne.	7,70
1600ks de goudron	à 16fr,00 la tonne.	25,60
	Total..............	45,30

24. Tableau comparatif du prix de revient du chauffage des locomotives du « Great Eastern Railway » avec de la houille ou du combustible liquide.

		193	194
N° de la machine....................		193	194
Parcours total.....................		1580^{km}	1580^{km}
Consommation totale	Houille.....	6150^{ks}	12600^{ks}
	Combustible liquide....	4800^{ks}	»
	Craie........	355^{ks}	»
Consommation totale par kilomètre	Houille.....	3^{ks},900	8^{ks},000
	Combustible liquide....	3^{ks},050	»
	Craie........	0^{ks},225	»
Consommation globale de houille, combustible liquide et craie par kilomètre........................		7^{ks},175	8^{ks},000
Proportion de combustible liquide et de craie pour 100 de houille......		83	»
Prix total du combustible..........		237^{fr},50	274^{fr},05
Prix par kilomètre..................		0^{fr},150	0^{fr},174
Différence en faveur de la machine 193 : Sur le parcours total.................			36^{fr},55
Par kilomètre.......................			0^{fr},024

NOTA. — Dans cette évaluation, la houille est comptée au prix de 18^{fr},60 la tonne (houille de Radford); le combustible liquide au prix de 22^{fr},50 la tonne; la craie au prix de 6^{fr},60 la tonne.

22. Quantités d'eau évaporées par divers combustibles liquides brûlés au moyen de l'injecteur *Holden*.

	KILOGRAMMES d'eau évaporés par kg. de combustible.	PUISSANCE d'évaporation du combustible liquide seul.
PETITE CHAUDIÈRE VERTICALE D'ENVIRON 6 CHEVAUX TRAVAILLANT A LA PRESSION DE 3^{k},500 PAR CENTIMÈTRE CARRÉ.		
Houille d'York...............	4,7	»
» » et goudron....	5,7	6,0
» » et huile verte.	6,6	7,3
» » et astatki......	9,1	10,2
PETITE CHAUDIÈRE DE CORNOUAILLES D'ENVIRON 30 CHEVAUX, TRAVAILLANT A LA PRESDE 2^{k},500 PAR CENTIMÈTRE CARRÉ.		
Houille d'York..............	8,4	»
» » et goudron....	9,9	11,3
» » et huile verte..	10,3	12,5
» » et astatki.....	12,3	14,5
CHAUDIÈRE DE LOCOMOTIVE, TRAVAILLANT COMME CHAUDIÈRE FIXE A LA PRESSION DE 5^{k},700 PAR CENTIMÈTRE CARRÉ.		
Houille d'York..............	9,1	»
» » et huile verte.	12,9	15,1

NOTA. — Les chiffres de ce Tableau se rapportent à l'eau prise à la température d'alimentation de la chaudière, et évaporée à la pression atmosphérique.

L'huile de schiste vaut à peu près l'huile verte au point de vue de la puissance d'évaporation.

23 Consommations comparées de houille et d'huile dans les locomotives ordinaires et compound du chemin de fer de Buenos-Ayres et Rosario.

DURÉE DE L'EXPÉRIENCE : Quatre semaines, du 29 Mai au 25 Juin 1887.	DISTANCES parcourues.	CONSOMMATION de houille		CONSOMMATION d'huile	
		totale.	par kilomètre.	totale.	par kilomètre.
	km	kg	kg	kg	kg
Machine ordinaire n° 10.............	6300	50500	8,000	270	0,043
Machine compound n° 34.............	5850	37000	6,300	273	0,0465

La locomotive compound brûlait donc 20,5 pour 100 moins de houille que la locomotive ordinaire, mais elle consommait 9 pour 100 plus d'huile. L'économie réalisée était de 10^{fr} par 100^{km}. La pression de la vapeur était de 10^{kg},6 dans la locomotive ordinaire, et de 11^{kg},4 dans la locomotive compound.

Les Tableaux suivants contiennent des résultats très intéressants, obtenus par M. Urghart, sur les locomotives du chemin de fer de Grazi et Tsaritsin ; ils montrent l'efficacité des résidus de pétrole employés comme combustible.

24. Essais comparatifs de chauffage au pétrole, à l'anthracite, à la houille grasse et au bois, sur le chemin de fer de Grazi à Tsaritsin, entre Archeda et Tsaritsin, en hiver.

NOMBRE de voitures.	CHARGE COMPLÈTE.	DISTANCES parcourues.	VOITURE-kilomètre.	COMBUSTIBLES.	CONSOMMATION y compris l'allumage		PRIX DU COMBUSTIBLE par train-kilomètre.	TEMPÉRATURE et conditions atmosphériques.
					totale.	par train-kilomètre.		
	t	km			kg	kg	c	
25	400	625	15600	Anthracite..	14400	23	75	—14° à
25	400	625	15600	Houille grasse,....	17000	27	87	—13° C. Grand vent
25	400	310	7750	Déchets de pétrole....	4300	13,8	34	de côté.
25	400	310	7750	Anthracite..	5750	18,5	59	—6° à
25	400	310	7750	Déchets de pétrole....	3300	10,6	26	—11° C. Léger
25	400	310	7750	Bois en billettes.....	20^{m3}	0^{m3},0935	53	vent de côté.

Prix des combustibles :

Déchets de pétrole.... 25^{fr} » la tonne.
Anthracite et houille bitumineuse......... 32^{fr},80 »
Bois.................... 5^{fr},10 le mètre cube.

Dimensions des locomotives :

Cylindres : diamètre .... $0^m,50$.
        »   course .... $0^m,61$
Roues : diamètre .... $1^m,275$
Surface de chauffe totale .... 113^{m2}
Poids adhérent total .... 36^t
Pression de la chaudière .. 8^{atm} à 9^{atm}

25. Sur la même ligne, en été, on a obtenu les résultats suivants :

NOMBRE de voitures.	CHARGE COMPLÈTE.	DISTANCES parcourues.	COMBUSTIBLES.	CONSOMMATION y compris l'allumage		PRIX DU COMBUSTIBLE par train-kilomètre.
				totale.	par train-kilomètre.	
	t	km		kg	kg	c
30	480	310	Houille grasse.	6850	22	66
30	480	310	Déchets de pétrole	2800	9	22,3
30	480	310	Anthracite	5800	18,7	60
30	480	310	Déchets de pétrole	2770	8,95	22

28. Tableau comparatif des consommations mensuelles moyennes des locomotives des trains de grandes lignes du Chemin de fer de Grazi et Tsaritsin, chauffées à la houille et aux déchets de pétrole (année 1883).

CONSOMMATION DE COMBUSTIBLE PAR TRAIN-MILLE (1609m).

MOYENNES MENSUELLES PAR TRAIN-MILLE, EN LIVRES (0k,4585).

LOCOMOTIVES.	TRAINS.	COMBUSTIBLES.	Janv.	Févr.	Mars.	Avril.	Mai.	Juin.	Juillet.	Août.	Sept.	Octob.	Nov.	Déc.	MOYENNES.
Huit roues accouplées.	Marchandises.	Houille....	98,06	103,96	100,79	76,27	76,27	79,00	74,91	73,55	79,00	85,81	98,06	95,34	87,17
Six roues accouplées.	Marchandises.	Houille....	73,53	77,63	70,82	64,01	55,84	61,20	54,48	55,84	65,38	80,36	92,02	85,81	69,80
Id.	Id.	Déchets de pétrole..	53,12	54,48	46,31	42,22	34,05	35,41	31,33	36,10	40,86	39,50	50,39	54,48	43,19
Quatre roues accouplées.	Mixte.	Houille....	51,76	78,27	43,58	34,05	36,77	35,41	42,22	49,03	51,76	40,86	49,93	58,57	47,44
Quatre roues accouplées.	Voyageurs.	Houille....	40,86	49,03	46,31	36,77	34,05	32,69	31,33	32,69	36,77	39,50	42,22	50,39	39,38
Id.	Id.	Déchets de pétrole..	»	»	»	»	»	»	»	»	20,43	31,33	32,69	34,05	29,62

PRIX DU COMBUSTIBLE PAR TRAIN-MILLE.

MOYENNES MENSUELLES PAR TRAIN-MILLE, EN CENTIMES.

LOCOMOTIVES.	TRAINS.	COMBUSTIBLES.	Janv.	Fév.	Mars.	Avril.	Mai.	Juin.	Juillet.	Août.	Sept.	Octob.	Nov.	Déc.	MOYENNES.
Huit roues accouplées.	Marchandises.	Houille....	134,95	156,35	143,46	112,26	113,19	117,01	111,86	109,25	115,52	124,71	146,00	139,30	126,90
Six roues accouplées.	Marchandises.	Houille....	105,20	110,99	98,97	94,05	83,87	93,17	82,17	82,79	96,94	117,76	136,47	123,44	102,12
Id.	Id.	Déchets de pétrole..	72,94	76,02	61,58	49,73	40,40	41,63	38,17	41,70	49,48	47,71	68,17	73,56	54,95
Quatre roues accouplées.	Mixte.	Houille....	73,53	109,73	66,73	49,34	54,66	49,88	62,67	72,69	112,15	59,08	71,02	86,52	69,32
Quatre roues accouplées.	Voyageurs.	Houille....	60,70	70,23	66,07	51,44	48,29	46,70	44,45	48,19	51,65	56,33	61,11	75,80	56,72
Id.	Id.	Déchets de pétrole..	»	»	»	»	»	»	»	»	24,11	36,11	43,66	46,34	38,08

27. Puissance d'évaporation théorique du pétrole et de la houille.

COMBUSTIBLES.	DENSITÉ A 0° C.	COMPOSITION CHIMIQUE.				POUVOIR CALORIFIQUE en calories.	ÉVAPORATION théorique. Par 1kg de combustible	
		Carbone pour 100.	Hydrogène pour 100.	Oxygène pour 100.	Soufre pour 100.		à 100° C.	à la pression de 8atm,5.
Huile lourde brute de Pennsylvanie.............	0,886	84,9	13,7	1,4	»	11 500	21,48	17,8
Huile légère brute du Caucase.................	0,884	86,3	13,6	0,1	»	12 200	22,79	18,9
Huile lourde brute du Caucase.................	0,938	86,6	12,3	1,1	»	11 200	20,85	17,3
Déchets de pétrole........	0,928	87,1	11,7	1,2	»	11 000	20,53	17,1
Bonne houille anglaise (moyenne de 98 échantillons).................	1,380	80,0	5,0	8,0	1,25	7 900	14,61	12,16

28. Comparant les déchets de pétrole de Russie et l'anthracite, M. Urquhart dit que les premiers ont un pouvoir d'évaporation théorique de 16^{kg},2 d'eau par kilogramme de combustible, et l'anthracite un pouvoir d'évaporation de 12^{kg},2 à la pression de 8 atmosphères; le pouvoir du pétrole est donc, à égalité de poids, supérieur de 33 pour 100 à celui de l'anthracite. En pratique, sur les locomotives, la quantité moyenne d'eau évaporée par kilogramme d'anthracite est généralement d'environ 7^{kg} à 7^{kg},5, ce qui donne un rendement de 60 pour 100, et une perte de 40 pour 100 de la chaleur contenue dans le combustible. Avec le pétrole, on évapore pratiquement 12^{kg},25 d'eau par kilogramme de combustible, ce qui donne $\frac{12,25}{16,2} = 75$ pour 100 de rendement.

Par conséquent :

1° Le pétrole est théoriquement supérieur de 33 pour 100 à l'anthracite, au point de vue du pouvoir d'évaporation ;

2° Son effet utile est de 15 pour 100 plus grand (75 au lieu de 60 pour 100) ;

3° A égalité de poids, le pouvoir d'évaporation pratique du pétrole est de

$$\frac{12,25 - 7,50}{7,50} = 63 \text{ pour } 100$$

à

$$\frac{12,25 - 7,00}{7,00} = 75 \text{ pour } 100$$

plus élevé que celui de l'anthracite.

ANALYSES DE DIVERS COMBUSTIBLES GAZEUX.

29. Analyse des gaz de gazogène Siemens.

Trans. Amer. Inst. Min. Eng.

	1.	2.	3.	4.	5.
	p. 100.	p. 100.	p. 100.	p. 100.	p. 100.
Acide carbonique.....	3,9	8,6	0,3	1,5	6,1
Oxyde de carbone....	27,3	20,0	16,5	23,6	22,3
Hydrogène...........	»	8,7	8,6	6,0	28,7
Formène.............	1,4	1,2	2,7	3,0	1,0
Azote.....	67,4	61,4	62,0	65,9	41,0
Pouvoir calorifique...	93966	97184	99074	114039	164164

30. Analyse des gaz naturels d'Amérique.

(Ford, *J. Iron and Steel Inst.*)

	1	2	3	4	5
	pour 100.	pour 100.	pour 100.	pour 100.	pour 100.
Acide carbonique..	0,8	0,6	»	0,4	»
Oxyde de carbone.	1,0	0,8	0,58	0,4	1,00
Oxygène	1,1	0,8	0,78	0,8	2,10
Ethylène	0,7	0,8	0,98	0,6	0,80
Hydrure d'éthyle..	3,6	5,5	7,92	12,3	5,20
Formène	72,18	65,25	60,70	49,58	57,85
Hydrogène	20,02	26,16	29,03	35,92	9,64
Azote	»	»	»	»	23,41
Pouvoir calorifique	728746	698852	627170	745813	592380

31. Analyse des gaz de hauts fourneaux pris à différentes profondeurs.

(*Haut fourneau d'Alfreton.*)

	DISTANCE AU-DESSOUS DU GUEULARD.				
	$1^m,50.$	$4^m.$	$6^m.$	$7^m.$	$10^m.$
Azote............	54,77	50,95	60,46	56,75	58,05
Acide carbonique..	9,42	9,10	10,83	10,08	»
Oxyde de carbone.	20,24	19,32	19,48	25,19	37,43
Formène	8,23	6,64	4,40	2,33	»
Hydrogène	6,49	12,42	4,83	5,65	3,18
Ethylène	0,85	1,57	»	»	»
Cyanogène	»	»	»	traces	1,34
	100,00	100,00	100,00	100,00	100,00

32. Analyse de gaz à l'eau.

	1	2	3	4
	Gaz « Strong » (D' Moore).	Gaz au coke (Langlois).	Gaz au coke (Frankland).	Gaz obtenu par le procédé Bellby.
Acide carbonique.	2,05	12,000	13,80	21,32
Oxyde de carbone	35,88	31,860	29,30	10,72
Formène..........	4,11	1,62	56,9	»
Hydrogène........	52,70	54,52		37,19
Oxygène..........	0,77	»	»	»
Azote............	4,43	»	»	30,77
	100,00	100,00	100,00	100,00

33. Gaz contenus dans la houille. (THOMAS.)

ÉCHANTILLONS de houille.	GAZ DÉGAGÉ PAR 100gr à 100° C. dans le vide.	CO^2.	CH^4.	C^2H^4.	$(C^2H^2)^2$.	Az.
	cm³	pour 100.	pour 100.	pour 100.	pour 100.	pour 100.
Cannel coal de Wigan (300ᵐ de profondeur).	421,3	6,44	80,69	4,75	»	8,12
Id............... (550ᵐ de profondeur).	350,6	9,05	77,19	7,80	»	5,96
Cannel coal d'Écosse (Heywood)........	16,8	53,94	»	»	»	46,06
Cannel coal d'Écosse (Lesmahagow).....	55,7	84,55	»	»	C^2H^4 0,91	14,54
Cannel coal de Witehill............	55,7	68,75	»	2,67	»	28,58
Whitby (jais)......	30,2	10,93	»	»	86,90	2,17

34. Composition moyenne du gaz de houille.

(THORPE.)

Hydrogène	45,58
Méthane............................	34,90
Oxyde de carbone..................	6,64
Éthène.............................	4,08
Quartène..........................	2,38
Hydrogène sulfuré.................	0,29
Azote	2,46
Acide carbonique.................	3,67
	100,00

35. Analyse des gaz sortant d'un convertisseur Bessemer.

(SNELUS, *Iron and Steel Inst.*)

	TEMPS ÉCOULÉ DEPUIS LE COMMENCEMENT DU SOUFFLAGE.						APRÈS addition de spiegeleisen (usines de Bochum).	
	2 minutes.	4 minutes.	5 minutes.	10 minutes.	12 minutes.	14 minutes.		
Acide carbonique.	10,71	8,59	8,20	3,58	2,30	1,34	»	0,86
Oxyde de carbone.	»	3,95	4,52	19.59	29,30	31,11	82,6	78,55
Oxygène	0,92	»	»	»	»	»	»	1,32
Hydrogène........	88,37	0,88	2,00	2,00	2,16	2,00	2,8	2,52
Azote............		86,58	85,28	74,83	66,24	35,55	14,3	16,38

36. Composition des gaz contenus dans les soufflures des lingots d'acier.

(STEAD, *Clev. Inst. Eng.*).

	ACIER contenant :			ACIER contenant :			ACIER contenant :		
	C.. 0,42 pour 100	Si. 1,00	Mn 1,08	C.. 0,33 pour 100	Si. 0,10	Mn 0,69	C.. 0,17 pour 100	Si. 0,09	Mn 0,89
Hydrogène............	67,10			86,62			87,21		
Azote.................	30,30			13,29			11,15		
Acide carbonique......	2,60			0,32			1,64		
Oxygène...............	»			0,37			»		

37. Composition de divers gaz (en poids).

	Az	H	CO²	CO	CH⁴	C²H⁴	OBSERVATEURS.
H¹ fourneau (Écosse)...	48,20	0,90	21,70	29,04	»	»	Bell.
— (Askam)...	52,59	0,14	13,47	33,80	»	»	Crossley.
— (Cleveland)	58,54	0,06	14,32	27,03	»	»	Stead.
Gazogène Siemens......	64,50	»	6,93	24,92	0,89	2,73	Snelus.
— —	63,22	0,65	8,71	25,97	1,45	»	Id.
— Wilson.......	61,70	0,90	6,91	29,68	0,01	»	Stead.
— —	62,84	1,11	8,29	26,33	1,43	»	Id.
Gaz de ville.............	»	8,17	»	18,61	58,10	17,12	»

GAZ D'HUILE.

38. Le Tableau suivant contient d'intéressants résultats obtenus par le Dr Macadam, par l'emploi des appareils Pintsch et Keith.

Huile employée : huile de paraffine bleue.

	APPAREIL PINTSCH			APPAREIL KEITH		
	A	B	Moyenne.	A	B	Moyenne.
Densité de l'huile.	877,6	878,2	877,9	874,1	877,6	875,9
Point d'inflammation des vapeurs.	296°	294°	295°	292°	286°	289°
Température à laquelle le liquide prend feu........	356°	352°	354°	348°	346°	347°
Volume de gaz en pieds cubes (27ˡⁱᵗ), fourni par un gallon (4ˡⁱᵗ,5) d'huile.	90,7	103,4	97	85	84,8	84,9
Pouvoir éclairant...	62,5	59,1	60,8	63,2	59,5	61,4
Volume d'huile passant dans chaque cornue, par heure (en gallons)....	1,4	1,18	1,29	2,3	1,3	1,8
Gaz produit par cornue, par heure (en pieds cubes).....	126,8	122,5	124,6	197,5	111,9	151,7
Proportion pour 100 d'hydrocarbures lourds...........	39,2	37,1	38,2	39,9	38,2	39,0
Gaz par tonne (en pieds cubes).....	23128	26356	24742	21772	21671	21721

39. Tension de la vapeur d'eau.

(Regnault.)

TEMPÉRATURES.	TENSIONS en mm. de mercure.	TEMPÉRATURES.	TENSIONS en mm. de mercure.
— 30° C..........	0,39	18° C..........	15,36
— 20	0,93	19	16,35
— 10	2,09	20	17,39
— 5	3,11	21	18,49
— 4	3,37	22	19,66
— 3	3,64	23	20,89
— 2	3,94	24	22,18
— 1	4,26	25	23,55
0	4,60	26	24,99
1	4,94	27	26,51
2	5,30	28	28,10
3	5,69	29	29,78
4	6,10	30	31,55
5	6,53	31	33,41
6	7,00	32	35,36
7	7,49	33	37,41
8	8,02	34	39,57
9	8,57	35	41,83
10	9,16	36	44,20
11	9,79	37	46,69
12	10,46	38	49,30
13	11,16	39	52,04
14	11,91	40	54,91
15	12,70	41	57,91
16	13,54	42	61,06
17	14,42	43	64,35

TEMPÉRATURES.	TENSIONS en mm. de mercure.	TEMPÉRATURES.	TENSIONS en mm. de mercure.
44° C.	67,79	73° C.	265,15
45	71,39	74	276,62
46	75,16	75	288,52
47	79,09	76	300,84
48	83,20	77	313,60
49	87,50	78	326,80
50	91,98	79	340,49
51	96,66	80	354,64
52	101,54	81	369,29
53	106,64	82	384,44
54	111,95	83	400,10
55	117,48	84	416,30
56	123,24	85	433,04
57	129,25	86	450,34
58	135,51	87	468,22
59	142,02	88	486,69
60	148,79	89	505,76
61	155,84	90	525,45
62	163,17	91	545,78
63	170,79	92	566,76
64	178,71	93	588,41
65	186,95	94	610,74
66	195,50	95	633,78
67	204,38	96	657,54
68	213,60	97	682,03
69	223,17	98	707,26
70	233,09	99	733,21
71	243,39	100	760,00
72	254,07		

TEMPÉRATURES.	TENSIONS en mm. de mercure.	TENSIONS en atmosphères.
100° C	760,00	1,000
101	787,59	1,036
102	816,01	1,074
103	845,28	1,112
104	875,41	1,152
105	906,41	1,193
106	938,31	1,235
107	971,14	1,278
108	1004,91	1,322
109	1039,65	1,368
110	1070,37	1,415
111	1112,09	1,463
112	1149,83	1,513
113	1188,61	1,564
114	1228,47	1,616
115	1269,41	1,671
116	1311,47	1,726
117	1354,66	1,782
118	1399,02	1,841
119	1444,55	1,901
120	1491,28	1,963
121	1539,25	2,025
122	1588,47	2,090
123	1638,96	2,157
124	1690,76	2,225
125	1743,88	2,295
126	1798,35	2,366
127	1854,20	2,440
128	1911,47	2,515

TEMPÉRATURES.	TENSIONS en mm. de mercure.	TENSIONS en atmosphères.
129° C....................	1970,15	2,592
130	2030,28	2,671
131	2091,9	2,752
132	2155,0	2,836
133	2219,7	2,921
134	2285,9	3,008
135	2353,7	3,097
136	2423,2	3,188
137	2494,2	3,282
138	2567,0	3,378
139	2641,4	3,476
140	2717,6	3,576
141	2795,6	3,678
142	2875,3	3,783
143	2956,9	3,891
144	3040,3	4,000
145	3125,6	4,113
146	3212,7	4,227
147	3301,9	4,315
148	3393,0	4,464
149	3486,1	4,587
150	3581,2	4,712
160	4651,6	6,121
170	5961,7	7,844
180	7546,4	9,929
190	9442,7	12,425
200	11689,0	15,380
210	14324,8	18,848
220	17390,5	22,882
230	20926,4	27,535

40. Quantités d'air nécessaires à la combustion de 1ᵏᵍ de carbone.

PRODUISANT de l'acide carbonique.		PRODUISANT de l'oxyde de carbone.	
Poids.	Volume ramené à 0° C.	Poids.	Volume ramené à 0° C.
11ᵏᵍ,595	8ᵐᶜ,967	5ᵏᵍ,782	4ᵐᶜ,472

41. Prix comparés de 100000 calories à Paris, avec les divers combustibles.

COMBUSTIBLES.	VALEUR de 1ᵏᵍ.	POUVOIR calori-fique.	PRIX de 100000 calories.	RAPPORT.
	fr	calories	fr	
Menu de houille.....	0,025	7500	0,33	1,00
Houille tout venant	0,030	7800	0,385	1,17
Gailleterie...........	0,045	8000	0,5625	1,70
Bois.................	0,055	2750	2,00	6,06
Charbon de bois.....	0,200	7000	2,85	8,64
Gaz d'éclairage.....	0,600	11000	5,45	16,51

42. Pouvoir calorifique de divers composés.
(BERTHELOT.)

	CALORIES.
Oxyde de carbone...................	2435
Hydrogène protocarboné	13343
Hydrogène bicarboné	12193
Alcool.............................	7054

43. Pouvoir calorifique du carbone.

(BERTHELOT.)

	CALORIES.
Diamant.........................	7859
Graphite	7901,2
Charbon de bois ,...............	8137,4

44. Température de combustion du charbon amorphe.

Température théorique (formation de CO^2)........................	2040° C.
5 pour cent d'oxygène.............	1950
5 » » d'oxyde de carbone....	1930

45. Température de combustion de quelques gaz.

	A PRESSION constante.	A VOLUME constant.
Hydrogène....................	1970° C.	2320° C.
Oxyde de carbone.............	2100	2430
Oxyde de carbone et hydrogène ($CO + H^2$).............	2040	2370
Formène (formation de CO^2)	1850	2150
Formène (formation de CO).	1525	1860

46. Pouvoir calorifique de diverses tourbes.

TOURBES.	CALORIES.
Tourbe de Bresles, 1re qualité....	4774
» » 2e »	3957
» Thésy, 1re »	4490
» » 2e »	3914
» Bourdon, 1re »	4232
» Camon, 1re »	4132
» Long, 1re »	4100
» Vulcaire................	4050

47. Composition des bois.

ESSENCES.	CARBONE.	HYDROGÈNE.	OXYGÈNE et Azote.
Tilleul............	49,41	6,86	43,73
Sapin.............	50,83	6,26	42,91
Orme.............	50,19	6,42	43,39
Pin sylvestre.....	50,65	6,20	43,15
Tremble..........	50,31	6,32	43,37
Saule............	50,30	6,27	43,43
Marronnier d'Inde.	49,08	6,71	44,21
Mélèze...........	50,11	6,31	43,58
Érable...........	49,80	6,31	43,89
Épicéa...........	49,59	6,38	44,03
Peuplier noir.....	49,70	6,31	43,99
Aune............	50,00	6,11	43,89
Bouleau..........	49,36	6,28	44,19
Chêne...........	50,00	6,06	43,94
Frêne...........	49,36	6,07	44,57
Acacia..........	48,67	6,27	45,06
Charme..........	48,84	6,18	44,98
Hêtre...........	48,87	6,12	45,01

FIN.

INDEX ALPHABÉTIQUE.

C

D

E

F

G

H

M

O

P

————o————

TABLE DES MATIÈRES.

CHAPITRE I.

POIDS SPÉCIFIQUE DES COMBUSTIBLES SOLIDES, LIQUIDES ET GAZEUX.

CHAPITRE II.

ANALYSE DES COMBUSTIBLES SOLIDES ET LIQUIDES.

FIN DE LA TABLE DES MATIÈRES.

80724. — Paris, Imp. Gauthier-Villars, 55, quai des Grands-Augustins.

BABU (L.), Ingénieur des Mines. — Précis d'Analyse qualitative. *Recherches des métalloïdes et des métaux usuels dans les mélanges de sels, les produits d'art et les substances minérales.* In-18 jésus; 1888.   2 fr.

CAURO (J.), ancien élève de l'École Polytechnique, Agrégé des Sciences physiques, Docteur ès Sciences. — La liquéfaction des gaz, *méthodes nouvelles, applications.* Grand in-8, avec 40 figures; 1899.   2 fr. 75 c.

EBERT (Dr H.), Professeur ordinaire de Physique à l'Université de Kiel. — Guide pour le soufflage du verre. Traduit de l'allemand sur la 2ᵉ édition et annoté par P. Lugol, Professeur de Physique au lycée de Clermont-Ferrand, Chargé de Conférences à la Faculté des Sciences. In-18 jésus, avec 63 figures; 1897.   3 fr.

HERZBERG (Wilhelm), Directeur du Bureau royal d'Analyse des papiers à Berlin. — Analyse et essais des papiers, suivie d'une *Étude sur les papiers destinés à l'usage administratif en Prusse* (Normal-Papier), par Carl Hoffmann, Ingénieur civil, Directeur de la *Papier Zeitung.* Ouvrage traduit par G.-E. Marteau, Ingénieur des Arts et Manufactures. In-8, avec 34 figures et 2 planches; 1894. 5 fr.

JAUBERT (G.-F.), Ingénieur chimiste. — L'Industrie du goudron de houille. Petit in-8 avec 3 figures; 1898.

Broché......... 2 fr. 50 c. | Cartonné......... 3 fr.

— **L'Industrie des matières colorantes azoïques.** Petit in-8; 1899.

Broché......... 2 fr. 50 c | Cartonné......... 3 fr.

— **Matières odorantes artificielles.** Petit in-8; 1899.

Broché......... 2 fr. 50 c. | Cartonné......... 3 fr.

— **Produits aromatiques artificiels et naturels.** Petit in-8; 1900.

Broché......... 2 fr. 50 c. | Cartonné......... 3 fr.

JOANNIS (A.), Professeur à la Faculté des Sciences de Bordeaux, chargé de cours à la Faculté des Sciences de Paris. — **Traité de Chimie organique appliquée.** 2 volumes grand in-8, se vendant séparément.

> TOME I : *Généralités. Carbures. Alcool. Phénols. Ethers. Aldéhyde. Cétones. Quinones. Sucres.* Volume de 688 p., avec figures; 1898.   20 fr.

> TOME II : *Hydrates de carbone. Acides monobasiques à fonction simple. Acides polybasiques à fonction simple et à fonctions mixtes. Alcalis organiques. Amides. Nitriles. Composés azotiques et diazotiques. Composés organo-métalliques. Matières albuminoïdes. Fermentations. Conservation des matières alimentaires.* Volume de 718 pages, avec figures; 1898.   15 fr.

LEFÈVRE (Julien), Professeur à l'École des Sciences et à l'École de Médecine de Nantes. — **Éclairage aux gaz, aux huiles, aux acides gras.** Petit in-8 avec 46 figures; 1896.

> Broché......... 2 fr. 50 c. | Cartonné........ 3 fr.

— **La liquéfaction des gaz et ses applications.** Petit in-8, avec 38 figures; 1899.

> Broché......... 2 fr. 50 c. | Cartonné........ 3 fr.

LORENZ (H.), Ingénieur, Professeur à l'Université de Halle. **Machines frigorifiques.** *Production et applications du froid artificiel.* Traduit de l'allemand avec l'autorisation de l'auteur par P. Petit, Professeur à la Faculté des Sciences de l'Université de Nancy, Directeur de l'Ecole de Brasserie, et J. Jaquet, Ingénieur civil. Grand in-8 de ix-186 pages, avec 131 figures; 1898.   7 fr.

POZZI-ESCOT (M.-E.), Chimiste, Rédacteur au *Praticien industriel*, Membre de la Société française de Physique. — **Analyse chimique qualitative.** Petit in-8, avec 6 figures; 1899.

> Broché......... 2 fr. 50 c. | Cartonné........... 3 fr.

— **Analyse microchimique et spectroscopique.** Petit in-8, avec 40 figures; 1899.

> Broché......... 2 fr. 50 c. | Cartonné........... 3 fr.

PRUD'HOMME (M.), ancien Élève de l'École polytechnique. — **Teinture et impression.** Petit in-8; 1894.

> Broché......... 2 fr. 50 c. | Cartonné.......... 3 fr.

SMITH (Edg.-F.). — **Analyse électrochimique** (Voir *Catalogue spécial de* PHYSIQUE, p. 86.)

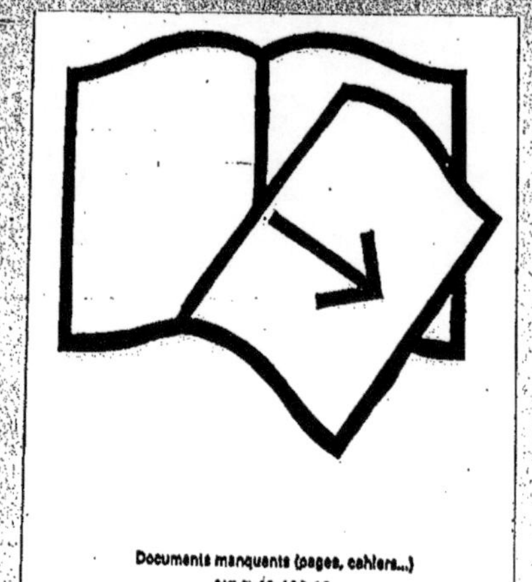

Documents manquants (pages, cahiers...)
NF Z 43-120-13